포세이돈의

분노

포세이돈의 분노_ 지구 온난화와 바다

초판 1쇄 발행일 2010년 1월 11일
초판 2쇄 발행일 2017년 5월 30일

지은이 김웅서
펴낸이 이원중

펴낸곳 지성사 출판등록일 1993년 12월 9일 등록번호 제10 - 916호
주소 (03408) 서울시 은평구 진흥로 1길 4 (역촌동 42-13) 2층
전화 (02) 335 - 5494 팩스 (02) 335 - 5496
홈페이지 지성사.한국 | www.jisungsa.co.kr 이메일 jisungsa@hanmail.net

ⓒ 김웅서 2010

ISBN 978 - 89 - 7889 - 212 - 4 (04400)
ISBN 978 - 89 - 7889 - 168 - 4 (세트)

이 도서의 국립중앙도서관 출판시도서목록(CIP)은 서지정보유통지원시스템 홈페이지(http://seoji.nl.go.kr)와
국가자료공동목록시스템(http:www.nl.go.kr/kolisnet)에서 이용하실 수 있습니다. (CIP제어번호: CIP2010000012)

포세이돈의 분노

지구 온난화와 바다

김웅서 지음

차례

여는 말 6

1부 포세이돈을 만나다 8

포세이돈은 누구? ● 포세이돈 사업을 말한다 ● 포세이돈 사업 로고 ● 쿠로시오가 뭐예요? ● 태평양은 어떤 바다? ● 그러면 북서태평양은?

쉬어가기/ 포세이돈과 동물플랑크톤 40

2부 지구가 더워진다 42

지구 온난화란? ● 지구를 덮고 있는 온실가스 ● 날씨, 기상, 기후는 어떻게 다른가요? ● 바다는 기후에 어떤 영향을 미치나? ● 영화 「투모로우」가 현실이 될 수 있을까? ● 지구 온난화는 초대형 태풍을 부른다 ● 지구 온난화로 물속에 잠기는 나라 ● 바다가 사막화된다 ● 수산 자원도 변한다 ● 남해에 나타난 대형 열대 해파리 ● 바닷물이 식초가 된다?

쉬어가기/ 태풍 이름 짓기 77

<u>3부</u> 포세이돈이 찾아간 북서태평양 79

북서태평양에서 어떤 조사를 했나? ● 바닷물의 특성을 알아보자 ●
표층 바닷물의 온도는 얼마나 될까? ● 인공위성을 이용한 북서태평양
관찰 ● 바닷물이 흐른다 ● 바닷물 속에도 영양분이? ● 바닥에는 어떤
생물이 사나 ● 바닷물에 떠서 사는 생물 ● 대한해협은 난류가 들어오는
길목 ● 산호는 옛날 기후를 알려 준다 ● 바다는 지구 온난화 해결사

쉬어가기/ 쿠로시오를 따라 여행하는 새끼 뱀장어 105

<u>4부</u> 지구 온난화를 막으려면 106

사진에 도움을 주신 분들 110

참고문헌 110

요즘 바다의 신神 포세이돈이 점점 난폭해지고 있다. 끝이 세 갈래로 갈라진 삼지창을 휘두르는 힘도 세어졌다. 삼지창에 휘둘리는 바다도 덩달아 거칠어지고, 전에 없던 이상한 일들이 일어나고 있다. 포세이돈의 분노가 바다를 뒤엎는다. 지구 온난화의 속도가 빨라지고 있기 때문이다. 지구 온난화를 일으키는 주범은 바로 우리가 배출하는 온실가스이다.

130여 개국 약 2500명의 과학자가 6년 동안 심혈을 기울여 작성한 정부간기후변화위원회IPCC 4차 보고서에서는 우리가 온실가스를 줄이지 않으면 앞으로 지구촌에 큰 재앙이 닥칠 것이라고 경고하고 있다. 우리가 포세이돈을 분노케 만든 셈이다. 그러니 포세이돈을 달래는 것도 우리의 몫이다. 우리의 노력 여하에 따라 지구촌의 재앙은 줄어들 수 있다.

이 작은 책 『포세이돈의 분노』에는 포세이돈 사업이란 무엇이며 지구 온난화 때문에 어떤 문제가 발생하는지, 우리나라 해양과학자들

이 왜 북서태평양으로 가는지, 지구 온난화를 줄이려면 어떻게 해야

되는지에 대한 이야기를 담았다. 특히 지구 온난화를 막는 데 바다가

어떤 역할을 하는지 밝히고, 바다를 연구하는 과학자들의 역할이 얼마

나 중요한지를 말하고자 하였다.

이 책은 나 혼자 만든 것이 아니다. 포세이돈 연구팀 모두의 노력

이 있었기에 가능하였다. 특히 3부의 내용은 연구팀이 얻은 결과를 저

자가 쉽게 옮겨 놓은 것에 불과하다.

태평양이라고 항상 잔잔한 것은 아니다. 한번 포세이돈이 분노하

면 태평양은 가장 큰 바다답게 거칠기 이를 데 없다. 때로는 널뛰기 하

듯 흔들리는 배 위에서 밤을 새워 실험을 하기도 하고, 때로는 살을 태

울 듯 내리쪼이는 열대의 태양에 맞서 조사 활동을 벌여야 한다. 건강

한 바다, 풍요로운 바다를 위해 함께 고생하는 동료들에게 지면을 빌

어 감사의 말을 전한다. 또 원고를 검토하여 준 한국해양연구원(현 한국

해양과학기술원) 전동철 박사님, 김성 박사님, 함춘옥 선생님께 감사드

리고, 자료 정리에 도움을 준 조규희, 이선희 님, 원고를 꼼꼼히 검토

하고 예쁜 책을 만들어 준 지성사 식구들에게도 감사드린다.

2010년 1월

김웅서

1부
포세이돈을 만나다

포세이돈은 누구?

포세이돈Poseidon, 로마 신화의 넵튠은 그리스 신화에 나오는 12명의 신 가운데 하나로 바다를 다스리는 신이다. 짠물로 된 바다 이외에 민물로 된 강이나 샘물 등도 관장하는 포세이돈은 바다를 다스리는 해신海神이자 물을 다스리는 수신水神이며, 그 외에 홍수와 가뭄, 지진, 말馬 등도 관장한다.

자, 이제 포세이돈의 집안에 대해 살펴보자. 포세이돈은 계절과 농경의 신 크로노스와 풍요의 여신 레아 사이에 태어났으며, 그리스 신들 가운데 최고의 신인 제우스Zeus, 로마 신화의 주피터와 형제 간이다. 제우스는 올림포스 신들을 다스리는 막강한 힘을 갖고 있는 그야말로 최고의 권력자이다.

그런데 재미있는 것은 포세이돈이 제우스의 형이기도 하고 아우이기도 하다는 사실인데, 여기에는 신화에서나 나올 법한 사연이 있다.

포세이돈의 아버지 크로노스는 하늘의 신 우라노스와 대지의 여신 가이아 사이에서 태어났다. 그러니 우라노스와 가이아는 제우스와 포세이돈의 할아버지, 할머니가 되는 셈이다. 우라노스는 남녀 6명씩 12명의 자식을 낳고, 그 후 또 자식들을 낳았는데 그들의 모습이 괴물처럼 흉측하자 다시 가이아의 자궁으로 돌려보냈다. 그러자 화가 난 가이아는 아들인 크로노스에게 우라노스의 성기를 잘라버리도록 시켰고, 크로노스는 아버지를 거세시킨 후 왕위에 올랐다.

그러나 이러한 업보 때문에 자식들에게 왕위를 빼앗길 거라는 예언을 들은 크로노스는 자식을 낳기만 하면 삼켜버렸다. 레아와의 사이에 태어난 자식들인 포세이돈, 하데스, 헤스티아, 데메테르, 헤라는 차례차례 같은 운명을 맞았다.

자식들을 모두 잃은 레아는 막내 제우스가 태어나자 아기인 것처럼 위장한 돌을 크로노스에게 내주어 삼키게 하고는 제우스를 크레타 섬의 산속 동굴에 숨겨 놓고 길렀다. 아버지의 눈을 피해 성장한 제우스는 크로노스에게 구토제를 마시게 하여 뱃속에 들어 있던 형제들을 토해 내게 하고는, 그들과 힘을 합쳐 아버지 크로노스를 물리치고 패권을 잡았다.

올림포스를 평정한 3형제는 세상을 나누어 지배하기로 했는데 제우스는 하늘, 포세이돈은 바다, 하데스는 땅속을 맡았다. 포세이돈은 제우스보다 먼저 태어났으나 크로노스의 뱃속에 있다가 제우스 덕분에 다시 나와 나중에 자랐으니 동생이 되기도 하는 것이다.

제노바 항에 정박 중인 한 범선의 뱃머리를 장식한 포세이돈 상

포세이돈은 하늘을 다스리는 제우스에 이어 두 번째로 힘이 있는 신이다. 포세

이돈 하면 떠오르는 이미지는 끝이 세 갈래로 갈라진 삼지창을 든 채 흰 말이 끄는 수레를 타고 바다를 누비는 모습이다. 포세이돈은 이 삼지창을 휘둘러서 폭풍이나 해일, 홍수를 일으켜 사람의 생명을 앗아가기도 하지만, 때로는 자신의 궁전에 사는 님프를 즐겁게 해 주기 위해 산호나 말미잘 등 우습게 생긴 생물들을 만들어 내기도 했다. 그는 말도 직접 만들었는데, 말을 만들기 전에 이것저것 비슷하게 만들어 본 동물들이 당나귀나 기린, 하마가 되었다고 한다. 거친 바다를 다스리는 신에게도 이처럼 온화하고 자애로운 면모가 있었던 것이다.

때로 포세이돈이 분노하여 삼지창을 휘두르면 큰 바람이 일고 바다는 배를 뒤집을 듯 거칠어진다. 여름과 가을이 되면 저위도 북서태평양에서 만들어진 태풍이 우리나라 쪽으로 올라오는데, 이 태풍이 한반도에 상륙하면 우리나라는 엄청나게 큰 피해를 입는다. 북서태평양은 우리나라 기후나 주변 바다에 알게 모르게 많은 영향을 미친다.

포세이돈은 앞서 이야기한 대로 그리스 신화에 나오는 신의 이름이다. 동시에 한국해양연구원에서 수행하였던

이탈리아 화가 펠리체 지아니(Felice Giani)가 그린 「포세이돈과 암피트리테의 결혼」

연구 사업의 이름이기도 하다. 북서태평양을 조사하는 연구 사업의 영문 이름northwestern Pacific Ocean Study on Environment and Interactions between Deep OceaN and marginal seas의 앞 글자를 따면 포세이돈POSEIDON이 된다. 연구 사업의 영문 이름을 포세이돈의 철자에 맞추어 작명한 결과이다.

포세이돈 사업을 말한다

지구 온난화로 인해 바닷물의 온도가 올라가면서 해양 생태계가 심상치 않다. 최근 우리나라 주변 바다에서는 이상한 일들이 벌어지고 있다.

열대 바다에서나 볼 수 있었던 커다란 해파리가 근해에 나타나서 물고기를 마구 잡아먹어 수산업에 피해를 끼치는가 하면, 그동안 볼 수 없었던 참치가 제주 앞바다에서 잡히기 시작했다. 참치는 수온이 높은 열대 해역에서 잡히는 물고기로, 통조림으로 만들어 먹기도 하지만 회로도 인기가 많다. 영양분도 많아서 '바다의 닭고기'라고 불린다. 흔히 참치라고 부르지만 원래 이름은 참다랑어이다.

한편 동해의 찬 바닷물에서 많이 잡히던 명태나 대구는 그 숫자가 많이 줄어들었다. 이처럼 우리나라 주변 바다에서는 따뜻한 바닷물을 좋아하는 난류성 어종은 늘어나고, 반대로 찬 바닷물을 좋아하는 한류성 어종은 줄어드는 현상이 나타나고 있다.

이상한 일은 바다의 생태계에서만 일어나는 것이 아니다. 여름철과 가을철에 우리나라에 영향을 주는 태풍은 북서태평양에서 만들어진다. 그런데 최근 들어서 태풍 진원지가 점점 북쪽으로 이동하고 있으며, 태풍의 세기도 예전보다 강해지고 있다. 이 모든 일들은 지구 온난화와 무관하지 않다.

지구 온난화란 이산화탄소, 메탄(메테인) 등과 같이 온실 효과를 일으키는 기체들이 대기 중에 늘어나 지구의 기온이 올라가는 현상이다. 추운 날 이불을 덮으면 따뜻해지는 것처럼 온실가스가 지구를 둘러싸면 지구의 기온이 올라가는 것이다. 지구의 기온이 올라가면 자연히 바닷물의 온도도 올라간다. 그러면 바닷물이 더 많이 증발하게 되고, 저기압이 발달하여 태풍이 만들어진다. 이런 현상은 쿠로시오와 밀접한 관계가 있다. 쿠로시오는 바로 뒤에서 자세히 설명하기로 한다.

　　포세이돈 사업은 이와 같이 한반도 주변 바다에 직접 또는 간접적으로 영향을 미치는 북서태평양의 환경 변화를 파악하여, 우리나라 기후와 해양 환경이 어떻게 바뀔지 미리 예측하고 그 대비책을 마련하고자 2006년에 시작되었다.

　　우리나라의 과학자들은 우리 바다에 영향을 주는 북서태평양의 길목을 지키며 해수면 상승, 수산 자원의 감소, 해양 환경의 변화, 태풍 등 앞으로 일어날지도 모르는 대형 자연재해에 대비하고 있다. 유비무환이라고 하지 않았

한국해양연구원의 연구선 온누리호

던가. 미리 준비해야 피해를 줄일 수 있다.

　포세이돈 사업은 2006년에 시작되어 1단계가 2008년
에 끝났고, 이 책 초판 1쇄가 발간될 2010년에는 2단계 사
업이 진행 중이었다. 2단계 사업은 2009년에 시작되어
2011년에 마무리되었고, 3단계가 2012년부터 2014년까
지 진행되었다.

　포세이돈 사업 로고

　포세이돈은 앞서 이야기한 대로 우리나라 주변 바다에
영향을 미치는 북서태평양의 환경과 쿠로시오를 연구하는
사업이다.

포세이돈 사업의 로고

이 사업을 상징하는 로고는 어떻게 보면 돌고래 같고, 어떻게 보면 물고기처럼 보인다. 아래쪽에 네 갈래로 갈라진 것은 쿠로시오가 여러 개의 가지로 분리되는 것을 형상화한 것이고, 왼쪽에 있는 태양은 수온이 가장 높은 웜풀^{따뜻한} 물덩어리이 있는 곳을 보여 준다. 태양이 물고기 눈의 위치에 있어서 전체적으로 물고기처럼 보이기도 한다. 오른쪽에 고래처럼 보이는 것은 한반도를 형상화한 것이다. 고래의 입 쪽에 제주도가 있고 가장 오른쪽 점은 독도를 나타낸다.

전체적으로 이 로고는 쿠로시오가 우리나라 쪽으로 흘러오는 모양을 하고 있다.

쿠로시오가 뭐예요?

쿠로시오黑潮는 일본어로 '검은 해류'라는 뜻이다. 쿠로시오가 이름에 걸맞게 검푸른 빛을 띠는 데는 이유가 있다. 바닷물 속에 식물플랑크톤이 많이 들어 있으면 엽록소 빛깔 때문에 바닷물이 녹색을 띠지만 식물플랑크톤이 많지 않으면 바닷물 색깔은 검푸르게 보인다. 수온과 염분이 높은 해류인 쿠로시오는 식물플랑크톤이 자라는 데 필요한 영양염이 많이 들어 있지 않다. 그래서 식물플랑크톤이 적고, 따라서 물 색깔도 검푸른 것이다.

우리나라 주변 바다도 바닷물의 온도가 점점 올라가면 쿠로시오 해역처럼 식물플랑크톤이 줄어들게 된다. 그러면 식물플랑크톤을 먹고 사는 동물플랑크톤이 줄어들고, 다시 동물플랑크톤을 먹고 사는 물고기들이 줄어들 것이다. 즉 수산 자원이 풍부한 우리나라 바다도 수온이 올라가면 사막처럼 척박해질 수 있다는 이야기이다.

쿠로시오 해역에 사는 생물을 볼 수 있는 일본 오키나와의 추라우미 수족관

한반도 주변 바다로 흘러오는 따뜻한 바닷물인 쿠로시오는 열대 서태평양에 있는 따뜻한 물덩어리에서 시작된다. 이 따뜻한 물덩어리를 웜풀warm pool이라 한다. 웜warm은 영어로 따뜻하다는 뜻이고, 풀pool은 수영장을 뜻한다. 우리가 수영장을 흔히 풀장이라고도 부르는 것을 생각하면 쉽게 이해가 될 것이다. 웜풀에서 시작한 쿠로시오 난류는 필리핀과 대만을 거쳐 우리나라 남해로 흘러온다. 쿠로시오의 영향이 커지면 우리나라 주변 바닷물의 온도가 올라가게 된다.

물이 더워질수록 그 안에 녹아 들어갈 수 있는 기체의 양은 줄어든다. 따라서 바닷물의 온도가 올라가면 바닷물에 녹을 수 있는 이산화탄소의 양도 줄어들게 된다. 컵에 부어 놓은 탄산음료를 햇볕이 잘 드는 곳에 놓아두면 컵 안쪽에 기체 방울들이 생기는 것을 볼 수 있는데, 이는 물의 온도가 올라가면서 물속에 녹아 있던 기체들이 다시 기체가 되기 때문이다.

마찬가지로 바닷물도 온도가 올라가면 이산화탄소를 저장할 수 있는 능력이 떨어진다. 그래서 지구 온난화의 진행 속도를 줄이는 역할을 잘 하지 못한다.

바닷물 속에 사는 식물플랑크톤은 이산화탄소를 흡수해 광합성 작용을 한다. 식물플랑크톤은 대기 중의 이산화탄소를 없애는 역할을 하는데, 이 식물플랑크톤이 줄어들면 바닷물이 흡수하는 이산화탄소의 양도 줄어들게 된다. 때문에 우리 주변 바다에 미치는 쿠로시오의 영향이 커지면 커질수록 기후와 환경 변화가 더욱 크게 일어날 것이다.

2007년에 발표된 정부간기후변화위원회IPCC 4차 보고서는 지구 온난화에 따른 기후 변화와 환경 변화가 전 세계 곳곳에서 일어나고 있으며, 이러한 변화는 더욱 심해질 것이라고 경고하고 있다. 이 보고서에 따르면 북태평양의 해수면 온도가 앞으로 200년 뒤에는 평균 섭씨 2~4도 정도 높아질 것이라고 한다.

그러면 우리 바다의 표층 수온은 얼마나 올라갈까? 우리나라 주변 해역에서는 수온이 섭씨 3도 이상 올라갈 것으로 예측된다. 우리나라

쿠로시오 해류도

의 서해와 동해는 대륙으로 거의 막혀 있어 바닷물의 순환
이 외해육지에서 멀리 떨어진 바다보다 자유롭지 못하고, 대륙의
영향으로 기후 변화에 더 민감하게 반응한다. 그래서 우리
나라 주변 바다는 북태평양의 다른 곳보다 표층 수온이 더
올라가고, 지구 온난화의 영향을 더 많이 받을 수 있다.

태평양은 어떤 바다?

우리나라 주변 바다는 북서태평양의 일부이다. 그래서
북서태평양의 영향을 많이 받는다. 북서태평양이 재채기
를 하면 우리나라 바다는 감기에 걸린다.

자, 이제 태평양이 어떤 곳인지 알아보자.

포르투갈의 항해가 마젤란Ferdinand Magellan은 1519년 8
월 10일 스페인을 출발한 후, 1년이 넘게 항해하여 남아메
리카 최남단에 도달하였다.

대서양을 가로지른 그는 계속 서쪽으로 나아가다가
1520년 11월 28일, 해협을 빠져나왔다. 그러자 끝이 안
보이는 바다가 눈앞에 펼쳐졌다. 거친 파도와 싸우며 오랫
동안 항해한 마젤란이 새롭게 만난 바다는 호수처럼 조용
하고 평화로웠다. 이에 감동한 마젤란은 바다 이름을 퍼시

마젤란이 항해한 경로

픽Pacific, 즉 태평양이라 지었고, 그가 지나온 해협은 마젤란 해협이라 불리게 되었다. 태평양이라는 이름을 갖게 된 것은 이러한 사연을 갖고 있다.

퍼시픽Pacific은 '온화한, 태평한'이라는 뜻이다. 한자로 태평양의 이름 풀이를 하자면 클 태太, 평평할 평平, 큰 바다 양洋, 즉 크고 평온한 바다라는 뜻이다. 우리가 바다라고 할 때는 크고 작은 바다를 모두 일컫지만 엄밀히 말하면 태평양처럼 큰 바다는 양洋이라 하고, 지중해나 동해처럼 상대적으로 작은 바다는 해海라 한다. 그래서 해양이라고 하면 크고 작은 바다를 모두 가리키는 것이다. 영어로

호수처럼 잔잔한 태평양

는 작은 바다를 씨sea, 큰 바다를 오션ocean으로 나누기도
하지만, 구분해서 쓰지 않는 경우도 많다.

태평양은 과연 이름처럼 큰 바다이다. 대서양과 인도
양을 비롯한 지구 상의 그 어떤 바다보다도 크다. 태평양
은 도대체 얼마나 넓을까? 표면적을 기준으로 했을 때, 태
평양은 1억 6624만 제곱킬로미터로 선두이고, 두 번째로
넓은 대서양은 약 8240만 제곱킬로미터카리브 해와 지중해를 포
함하면 1억 640만 제곱킬로미터이다. 인도양이 7343만 제곱킬로미
터로 세 번째이다. 태평양은 대서양보다도 2배나 넓으며,

면적 22만 2000제곱킬로미터인 한반도보다는 무려 700배나 넓다. 한반도 700개를 넣어야 태평양을 간신히 메울 수 있다는 얘기이니 그 규모가 가히 짐작이 된다.

그러면 태평양은 얼마나 깊을까? 전 세계 바다의 평균 수심은 약 3800미터인데, 태평양의 마리아나 해구海溝, 해저 바닥에 좁고 긴 도랑 모양으로 파인 곳는 가장 깊은 곳의 수심이 1만 1034미터나 된다. 대서양의 경우 푸에르토리코 해구에서 8605미터, 인도양의 경우 자바 해구에서 7445미터이다. 굳이 이런 숫자를 따져 순위를 나열하지 않더라도 태평양이 가장 큰 바다라는 사실에는 의심의 여지가 없다.

지구본을 들고 태평양을 찾아보자. 태평양은 북쪽으로는 북극해, 서쪽으로는 아시아와 오스트레일리아, 남쪽으로는 남극해, 그리고 동쪽으로는 남·북아메리카 대륙과 맞닿아 있다.

태평양을 찾았다면 이번에는 지구본을 기울여 적도 아래 남태평양으로 눈을 돌려 보자. 무엇이 보이는가? 육지는 지구본의 가장자리에 간신히 걸쳐 있고 거의 모두가 바다이다. 다시 한 번 태평양의 광대함에 놀랄 것이다.

바다는 지구 표면적의 70퍼센트 이상을 차지하고 있다. 우리가 사는 지구를 지구地球라 부르는 것보다 해구海球 또는 수구水球라 부르는 것이 더 타당한 이유가 여기에 있다.

태평양은 이름에 걸맞게 가장 큰 바다이지만 이름처럼 평온하기만 한 것은 아니다. 역사적으로도 유럽, 미국, 일본 등 열강들의 식민지 쟁탈로 인해 걸핏하면 전쟁터가 되곤 했다. 또 최근 들어서는 지구 온난화로 인한 수온 상승으로 태풍이 강한 위력을 발휘하면서 태평양은 더욱 거칠어지고 있다.

우리나라는 해마다 7월에서 10월 사이 태풍으로 큰 피해를 입는다. 이 태풍의 발원지가 바로 북서태평양이다. 적도 인근 바다에서 태양열을 받아 증발한 바닷물은 수분을 많이 함유한 공기덩어리가 되어 고위도 쪽으로 이동한다. 이동하면서 점점 세력을 키운 태풍은 강한 바람과 많은 비를 동반하기 때문에 큰 피해를 가져온다. 태풍이 닥치면 집채만 한 파도가 육지의 모든 것을 삼켜 버릴 듯 사납게 달려든다. 큰 배라 할지라도 망망대해에서 거친 파도를 만나면 길에 뒹구는 추풍낙엽과 같은 신세를 면치 못한다.

이제 태평양 바닷속으로 들어가 보자. 태평양 바닥은 어떻게 생겼을까? 바닷속에도 육지에서 볼 수 있는 산이나 평원, 계곡과 같은 지형이 있다. 태평양에는 평균 수심 4270미터에 달

태평양의 해저 지형도

하는 넓은 해저 평원이 펼쳐져 있고, 태평양의 서쪽, 즉 아시아 대륙의 주변을 따라서 수심 10킬로미터가 넘는 깊은 해구가 길게 연결되어 있다. 그리고 태평양의 동쪽으로는 뉴질랜드에서 미국 캘리포니아에 이르기까지 바다 밑바닥으로부터 높이 3000미터 이상 솟아 있는 해저 산맥이 달리고 있다.

학교 수업 시간에 환태평양 지진대나 환태평양 화산대, 환태평양 조산대 등을 배운 기억이 있을 것이다. 환태평양 지진대는 태평양의 가장자리를 따라 고리 모양으로 이어진 지각 활동이 활발한 곳을 말한다. 지각 활동이 활

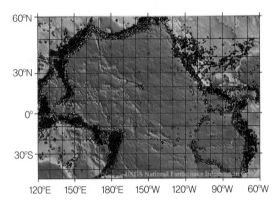

환태평양 지진대 위치를 표시한 지도

발하다 보니 지진이 자주 발생한다. 그래서 환태평양 지진
대의 인구 밀집 지역인 미국 캘리포니아나 일본 열도 등에
서는 언제 땅이 꿈틀거릴지 몰라 항상 지진에 대한 대비를
하고 있다.

　이 지진대는 화산 활동도 활발해 시뻘건 용암이 흘러
내리고 뜨거운 수증기와 시커먼 연기가 솟아오르는 곳이
많다. 그래서 환태평양 화산대라고 부르며 '불의 고리Ring
of Fire' 라고도 한다.

　불의 고리는 장장 4만 킬로미터에 달하며 남아메리카
의 칠레에서 시작해 페루, 멕시코를 지나고, 북아메리카

서해안을 따라 올라가 알래스카를 거쳐서 아시아의 일본 열도로 연결된다. 그리고 필리핀, 파푸아 뉴기니를 거쳐 멀리는 남태평양의 뉴질랜드로 이어지며, 인도네시아 쪽으로 가지가 뻗어 있기도 하다. 지구에서 발생하는 지진의 약 90퍼센트는 태평양을 둘러싸고 있는 거대한 불의 고리에서 비롯되며, 화산 폭발도 불의 고리를 따라 많이 일어난다. 동태평양 해저 산맥에는 해저 화산 활동이 활발하게 일어나 섭씨 350~400도의 뜨거운 물이 솟아오르는 열수 분출공이 많다.

환태평양 조산대는 서로 다른 지각地殼. 지구의 바깥쪽 표면 판이 충돌하여 위로 솟아올라 높은 산맥이 만들어진 곳

뜨거운 물이 솟아오르는 열수 분출공

을 말하며, 태평양의 가장자리를 따라 발달해 있다.

마젤란은 이처럼 언제 폭발할지 모르는 시한폭탄이 태평양에 숨겨져 있다는 사실을 몰랐다. 그에게 태평양은 평온한 바다였다. 비록 1521년 4월 27일 필리핀의 막탄 섬에서 원주민과 전투를 하다가 목숨을 잃는 바람에 결국 태

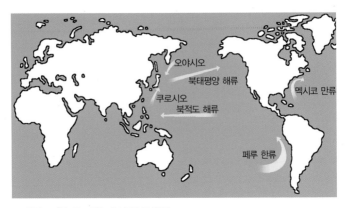

북적도 해류, 쿠로시오, 오야시오의 위치

평양이 그의 무덤이 되었지만 말이다.

전 세계 바다는 모두 연결되어 있다. 물론 태평양도 마찬가지이다. 바닷물도 강물처럼 흘러 이곳저곳 움직이는데, 이런 바닷물의 흐름을 '해류'라고 한다. 우리나라에 영향을 미치는 북태평양의 주요 해류는 북적도 해류, 쿠로시오, 오야시오 등이다.

북적도 해류는 적도와 북회귀선 사이에서 서쪽으로 흐르는 해류로, 필리핀 동쪽에서 쿠로시오가 된다. 쿠로시오는 따뜻한 바닷물을 우리나라 쪽으로 운반하기 때문에 우리나라의 기후와 해양 환경에 큰 영향을 미친다. 예를 들자면 최근 쿠로시오를 따라 온 열대성 해파리가 우리나라 연안에 출현하여 해양 생태계를 교란시키고 있다.

쿠로시오는 앞서 말한 바와 같이 '검은 해류'라는 뜻의 일본어인데, 일본 해양학자들이 먼저 연구해 이름을 붙였기 때문에 전 세계적으로 모두 쿠로시오라고 부르게 되었다. 우리 학자들이 먼저 연구했더라면 틀림없이 예쁜 우리말 이름이 붙었을 텐데 그 점이 매우 아쉽다.

오야시오는 북쪽에서 내려오는 찬 바닷물의 흐름이다. 베링 해로부터 캄차카 반도, 쿠릴 열도, 일본 홋카이도를 거쳐 내려온다. 오야시오는 쿠로시오와는 반대로 식물플랑크톤이 자라는 데 필요한 영양 염류가 많아 해양 생물들

태평양의 낙조

이 많이 모여든다. 오호츠크 해나 동해가 좋은 어장이 되는 이유이기도 하다. 오야시오 역시 친조親潮라는 일본어에서 유래하였다.

태평양에는 크고 작은 섬들이 흩어져 있어 그 넓은 바다가 외롭지만은 않다. 우리가 잘 아는 나라들인 일본, 필리핀, 뉴질랜드 등도 섬으로 된 나라이다. 그렇지만 태평양에는 이름이 낯선 섬나라들이 훨씬 많다. 태평양의 섬은 일일이 세기에는 너무나도 많은데, 그 수는 놀랍게도 3만 개에 이른다.

육지에서 생활하는 우리 인간은 바다보다 육지가 더 친숙하다. 그래서 태평양을 지리적으로 구분할 때도 섬을 기준으로 삼는다. 태평양에 있는 많은 섬들은 크게 마이크로네시아'미크로네시아' 라고 부르기도 함, 폴리네시아, 멜라네시아 등 3개의 지역으로 나뉜다.

마이크로네시아는 말 그대로 '작은 섬들'이라는 뜻이며, 서태평양 적도 북쪽에 흩어져 있는 많은 섬을 이르는 말이다. 이 섬들을 감싸고 있는 바다의 면적은 500만 제곱킬로미터나 되지만, 정작 육지의 면적은 약 3600제곱킬로

마이크로네시아 연방국 축(Chuuk)

미터에 불과하다. 마이크로네시아는 캐롤라인 제도, 마리
아나 제도, 마셜 제도 등으로 이루어진다.

캐롤라인 제도는 963개의 작은 섬들로 이루어져 있고,
이들 섬의 면적은 2150제곱킬로미터 정도이다. 이 가운데
얍, 축, 폰페이, 코스라에 섬 등은 마이크로네시아 연방국,
팔라우 섬 등은 팔라우 공화국이 되었다.

마리아나 제도는 미국령인 괌을 포함하여 15개의 섬으
로 이루어졌으며, 육지 면적은 1007제곱킬로미터이다.
괌을 제외한 섬들은 1978년 북마리아나 연방으로 독립하
였다.

마셜 제도는 약 1천 개나 되는 섬들로 이루어져 있지만 육지 면적은 고작 181제곱킬로미터에 불과하며, 1986년 독립하여 마셜 공화국이 되었다.

마셜 제도 남동부에 있는 16개의 섬들은 길버트 제도라고 하는데, 육지 면적이 272제곱킬로미터이다. 이곳은 폴리네시아에 속하는 피닉스 제도, 라인 제도 등과 함께 1979년 키리바시로 독립하였다. 한편 적도 남쪽에는 면적이 고작 21제곱킬로미터 밖에 되지 않는 아주 작은 섬나라인 나우루가 있다.

폴리네시아는 '많은 섬들'이라는 뜻이며, 태평양 한가운데 있는 하와이 제도와 뉴질랜드, 그리고 이스터 섬을 연결하는 대체로 삼각형 모양의 지역을 가리킨다. 태평양의 세 지역 가운데 가장 넓은 면적의 해역을 차지하고 있으며, 육지의 면적은 2만 6000제곱킬로미터에 달한다. 폴리네시아에 있는 섬들은 대부분 강대국에 속해 있다. 예를 들어 하와이 제도와 미국령 사모아, 미드웨이 등은 미국이, 마르케사스 제도와 소시에테 제도는 프랑스가, 피트케언 제도는 영국이, 토켈라우 제도는 뉴질랜드가, 이스터

폴리네시아에 속하는 하와이 오아후 섬

섬은 칠레가 소유하고 있다. 최근 지구 온난화로 해수면이 상승해 바다에 잠기고 있는 투발루도 폴리네시아에 속하는 섬나라이며, 프랑스의 후기 인상파 화가 고갱이 예술혼을 불살랐던 타히티 섬도 프랑스령 폴리네시아에 속한다.

멜라네시아는 '검은 섬들'이라는 뜻이다. 대략 서경 180도에서 동쪽에 있는 폴리네시아와 접하며, 적도 부근에서 북쪽에 있는 마이크로네시아와 경계를 이룬다. 오스트레일리아의 북쪽에 있는 파푸아 뉴기니, 비스마르크 제

멜라네시아에 속하는 누벨칼레도니

도, 솔로몬 제도, 뉴헤브리디스 제도^{바누아투}, 누벨칼레도니_{뉴칼레도니아}, 피지 제도 등이 포함되며, 육지 면적은 52만 5475제곱킬로미터로 세 곳 가운데 가장 넓다.

영국, 프랑스 등 강대국들은 멜라네시아의 섬들을 식민지로 삼기 위해 치열하게 경쟁하였는데 피지, 파푸아 뉴기니, 솔로몬 제도 등은 1970년대에 독립하였고, 누벨칼레도니는 현재 프랑스령으로 남아 있다. 관광지로 유명한 이곳은 니켈과 같은 금속 광물 자원이 풍부할 뿐만 아니라 희귀 식물이 많아 생태적으로도 중요하다.

태평양에는 수산 자원이나 광물 자원이 무궁무진하다. 우리나라 동해, 오호츠크 해, 남아메리카 페루 근처 해역은 수산 자원이 풍부해 태평양 중에서도 가장 좋은 어장이다. 어획량을 비교하면 단연코 태평양이 금메달감이다.

또 태평양 심해저 평원에는 망간 단괴_{망간 등을 함유한 검은 갈색의 덩어리} 같은 광물 자원이 널려 있다. 망간 단괴를 제련하면 니켈, 코발트, 구리, 망간과 같은 산업에 꼭 필요한 금속을 얻을 수 있다. 앞으로 육상 자원이 고갈되면 바다 속에 묻혀 있는 해양 자원은 더 주목받게 될 것이다.

21세기는 태평양의 시대가 될 것이라고 많은 미래학자들이 예측하고 있다. 실제로 최근 태평양 연안국들의 약진이 두드러지면서 태평양이 세계의 중심이 될 날이 머지않은 것으로 보인다.

역사적으로 해양 세력이 강한 나라들이 강대국이 되었다. 태평양을 접하고 있는 나라들 중에 해양 세력이 강한 나라가 많다. 미국, 일본, 러시아, 중국 등 여러 나라들이 강한 해양 세력을 보유하고 있다.

이런 나라들 틈바구니에서 태평양의 풍부한 자원을 이용하려면 우리도 해양 세력을 키울 수밖에 없다. 육상 자원이 고갈되면서 자원 확보 경쟁은 더 치열해질 것이며, 때문에 태평양은 아마도 그 어느 때보다도 평온하지 않은 바다가 될 가능성이 크다.

그러면 북서태평양은?

간략하게 태평양이 어떤 바다인지 알아보았다. 그러면 포세이돈 연구 사업이 진행되었던 북서태평양은 어떤 바다일까?

이름에서 알 수 있듯이 북서태평양은 태평양의 북서쪽 지역을 가리킨다. 세계 지도를 보면 태평양 왼쪽으로 필리핀, 대만, 중국, 우리나라, 일본, 러시아가 자리 잡고 있는데 이곳에 인접해 있는 바다가 바로 북서태평양이다.

북서태평양은 전 세계 바다 면적 중 약 6퍼센트 정도의 작은 부분이지만 수산 자원이 풍부하여 전체 바다 어획량의 약 30퍼센트 정도를 차지한다. 뿐만 아니라 북서태평양에는 한국, 중국, 일본 등 양식업이 발달한 나라가 많아 양식에 의한 수산 자원 생산량은 전 세계 생산량의 75퍼센트를 차지한다. 북서태평양은 그야말로 수산 자원의 보물 창고인 셈이다. 그러나 지구 온난화로 인해 북서태평양의 환경이 바뀌면서 해양 생태계가 변하고, 수산 자원도 변하고 있다. 우리나라 주변 바다에서 예전에는 볼 수 없었던 아열대성 어류가 새로이 나타나고, 반대로 냉수성 어류들은 자취를 감추고 있는 것도 한 예이다.

북서태평양은 우리나라 주변 바다에 큰 영향을 미치는 쿠로시오의 발원지이다. 따라서 우리나라 주변 바다에서 일어나는 기상 이변과 수산 자원 변화, 해양 환경 및 생태계 변화에 대한 중요한 정보를 지닌다.

최근 우리 바다에는 적조가 자주 발생하고, 백화 현상이 나타나며, 전에 볼 수 없었던 열대 생물이 출현하고 있다.

적조란 플랑크톤이 대량으로 번식하여 바닷물이 붉게 변하는 현상을 말한다. 적조는 주로 비가 많이 내려 육지에서 영양 염류가 많이 유입되고, 수온이 올라가며, 햇빛이 강하게 내리쬘 때 생긴다. 적조가 발생하면 양식장에서 기르던 물고기가 집단으로 죽는 등 어민들에게 큰 피해를 입힌다.

백화 현상은 갯녹음 현상이라고도 하며, 석회 조류가 많이 늘어나 다시마나 미역 등 쓸모 있는 해조류가 자라지

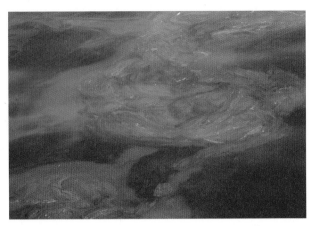
남해안의 적조

못해 바다가 사막처럼 변하는 현상을 말한다. 아직 백화 현상의 원인에 대해서는 자세히 알려져 있지 않지만 지구 온난화로 인해 바닷물의 온도가 올라가는 것도 그 원인 중 하나인 것으로 추측하고 있다.

또 노무라입깃해파리*Nemopilema nomurai*처럼 열대 바다 에서만 볼 수 있던 생물들이 우리나라 주변 바다에서 발견 되기도 한다. 이 거대 해파리는 물고기를 마구 잡아먹거나 물고기를 잡는 그물에 걸려 어민들의 골칫거리가 되고 있 다. 이와 같은 해양 생태계의 변화는 쿠로시오와 무관하지 않다.

한편 생태계의 변화는 바다에서만 일어나는 것이 아니다. 해양 환경의 변화는 기상에도 영향을 미쳐서 극심한 가뭄이나 홍수, 폭설 등 많은 피해를 가져오며, 이로 인해 육상 생태계도 변화하고 있다.

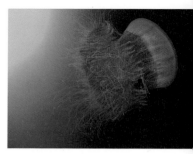

노무라입깃해파리

포세이돈과 동물플랑크톤

바다의 신 포세이돈은 배우자가 많다 보니 자식도 많고, 배우자나 자식의 이름을 따서 붙인 바다 생물도 많다. 특히 동물플랑크톤 가운데 포세이돈과 관계가 있는 것이 많은데, 그중 가장 유명한 이름은 단연 메두사다.

메두사라고 불리는 해파리

메두사는 머리카락이 뱀인 여자 괴물로, 그 머리 모양이 촉수가 늘어진 해파리와 비슷하다고 하여 해파리를 메두사라고 부른다. 하지만 메두사가 처음부터 괴물이었던 것은 아니다. 원래는 아름다운 처녀였는데, 아테나 여신의 신전에서 포세이돈과 성관계를 가졌다는 이유로 여신의 분노를 사 괴물로 변하게 되었다. 메두사는 포세이돈과의 사이에서 크리사오르와 페가수스라는 자식을 두었다.

포세이돈과 아미모네 사이에 태어난 아들의 이름은 노플리우스이다. 그런데 노플리우스는 게, 새우, 따개비, 요각류처럼 갑각류에 속하는 동물의 유생 시기를 이르는 말이기도 하다. 동물플랑크톤 가운데 수가 가장 많은 요각류의 알은 부화하여 노플리우스가 되고, 더 자라 코페포다이트라는 유생 시기를 거친 후 성체가 된다.

포세이돈의 딸 중 하나인 에바드니는 엄마가 누구인지 알려져 있지 않다. 포세이돈의 배우자가 너무 많은 탓이다. 동물플랑크톤인 에바드니는 바다에 사는 지각류의 하나이다. 지각류는 연못에 사는 물벼룩과 비슷하게 생긴 무리들인데, 수컷 없이 암컷 혼자서 번식하는 처녀 생식을 한다.

포세이돈과 투사 사이에 태어난 폴리페무스는 이마 한 가운데 하나의 눈을 가진 외눈박이 거인족 키클롭스^{사이클롭스} 중 하나이다. 그런데 동물플랑크톤 가운데도 키클롭스가 있다. 가장 흔한 동물플랑크톤인 요각류는 크게 세 가지 종류로 나뉘는데, 그 가운데 하나가 바로 키클롭스가 속하는 무리이다. 물에 떠서 사는 동물플랑크톤인 키클롭스는 신화에 나오는 거인과는 달리 다 자라도 약 1밀리미터 정도밖에 안 되는 아주 작은 동물이지만, 머리 한 가운데 눈이 하나 있는 것이 꼭 닮았다.

2부

지구가 더워진다

지구 온난화란?

요즘 신문이나 텔레비전에서는 '지구 온난화'라는 말이 하루도 빠지는 날이 없을 정도로 자주 나온다. 그만큼 지구 온난화가 우리 생활에 큰 영향을 미치고 있다는 말이다. 이제 지구 온난화는 너무 자주 듣다 보니 삼척동자라도 다 아는 말이 되어 버렸다. 그러나 지구 온난화가 지구의 온도가 올라가는 현상이라는 것을 막연히 알고는 있지만 막상 어떻게 발생하는지 설명하려면 막막하다. 흔히 듣는 말이라 잘 알고 있는 것 같았는데, 정확히 알지 못하는 것이다. 그러면 이제부터 지구 온난화에 대해 알아보자.

지구 온난화global warming는 말 그대로 지구가 점점 따뜻해지는 현상을 말한다. 좀 더 구체적으로 설명하자면 문명의 발달 과정에서 화석 연료를 점점 더 많이 사용하게 되어 대기 중의 온실가스지구 온난화를 일으키는 이산화탄소, 메탄 등과 같은 기체가 늘어나면서 지구의 평균 기온이 계속 올라가는 현상이다.

지구 온난화가 우리의 관심사가 된 것은 비교적 최근의 일이다. 그렇지만 지구 온난화에 대한 과학적 연구의 역사는 지금으로부터 약 150년 전으로 거슬러 올라간다.

1850년대 후반 아일랜드 출신의 물리학자 존 틴들John Tyndall은 여러 가지 기체의 흡수성을 연구하던 중, 대기를 이루고 있는 질소와 산소를 가시광선과 적외선이 투과하는 것을 발견하였다. 반면 이산화탄소, 메탄, 수증기 등은 가시광선은 투과시켰으나 적외선은 일부 차단하였다. 틴들은 이 실험에서 광선을 선별적으로 투과시키는 기체들의 성질이 지구의 기후에 영향을 미칠 수 있다는 것을 알았다. 즉 강에 만든 댐이 강물의 흐름을 막듯이, 대기 중의 일부 기체는 지구에서 방출되는 광선을 막아 지구의 온도

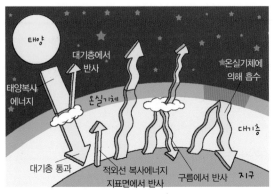

온실 효과가 일어나는 원리

를 높일 수 있다는 사실을 깨달은 것이다. 이것이 바로 지금 우리가 알고 있는 온실 효과이다. 약 150년 전 틴들이 했던 실험은 지구 온난화의 가능성을 알린 최초의 일로 기록되어 있다.

우리가 지구 온난화에 대해 걱정을 하는 것은 단지 지구의 온도가 올라가기 때문만은 아니다. 지구의 온도가 올라가면 우리에게 커다란 재앙을 가져올 수 있는 여러 가지 문제들이 생긴다.

극지방이나 높은 산의 얼음이 녹으면 해수면이 올라가고, 결국 땅이 바닷속으로 잠기게 된다. 그러면 사람은 물론 고도가 낮은 바닷가에 살던 육지 생물들은 살 곳을 잃어버린다.

2007~2008년 '국제 극지의 해' 프로그램에 참가해 남극의 빙하를 조사한 과학자들은 남극의 얼음이 우리가 생각했던 것보다 더 빨리 녹고 있다는 사실을 확인하였다. 만약 남극의 얼음이 모두 녹으면 전 세계의 해수면이 57미터나 올라갈 것이라고 추정하는 전문가들도 있다. 바닷물이 57미터 높아지면 20여 층의 아파트도 바닷물에 잠길 수 있다. 기온이 올라가면 기후가 바뀌고, 지구 곳곳에서는 기상 이변이 일어나게 된다. 어떤 곳은 홍수가 발생해 물난리가 나고, 어떤 곳은 비가 내리지 않아 사막으로 변한다. 이렇듯 지구 온난화는 여러 가지 재해를 동반한다.

과학자들은 지구 온난화를 일으키는 이산화탄소의 농도를 줄이지 않는다면 2050년쯤에는 산업화 이전보다 기온이 섭씨 2도 이상 올라갈 것으로 예상하고 있다. 그렇게 되면 우리가 겪을 피해는 돌이킬 수 없을 정도로 커진다. 먹을 물이 부족해 고통 받는 인구가 27억 명, 말라리아 같은 전염병으로 고생하는 인구가 2억 3000만 명, 홍수나

녹아내리는 남극의 빙하

가뭄으로 피해를 입는 인구가 29억 7000명에 달할 것으로 전망된다.

2050년이면 아직 먼 미래의 일이라고 생각할지 모른다. 그러나 이런 조짐은 벌써 세계 곳곳에서 일어나고 있다. 2005년 세계보건기구WHO의 발표에 따르면, 매년 15만 명이 지구 온난화에 의한 기상 재해로 사망하고 있으며, 551만 명이 질병에 걸린다고 한다. 아직은 우리가 안전하다고 해도 이런 추세로 지구 온난화가 진행되면 언젠가 우리도 피해자가 될 수 있다.

이와 같은 과학자들의 우려 때문인지 교육과학기술부에서는 2008년 12월 국민들을 대상으로 설문 조사를 실시하였다. 그 결과 과학 기술 분야와 관련하여 사회적으로 가장 심각한 문제는 기후 변화라고 대답한 사람이 가장 많았다.

그러나 과학자들이 지구 온난화의 심각성에 대해서 모두 같은 생각을 갖고 있는 것은 아니다. 독일 라이프니츠 해양과학연구소의 기후학자 키이닐사이드Keenlyside, N. S. 박

사는 지구의 기온이 앞으로 10년 동안 차츰 떨어져 온실
가스로 인한 지구 온난화 효과를 상쇄할 것이라고 주장한
다. 다만 그도 지구 기온이 일시적으로 낮아졌다가 그 이
후에는 다시 올라갈 것으로 예상하고 있다.

한편 미국 국립해양대기청NOAA의 솔로몬Solomon, S. 박
사는 지구 온난화가 사실상 돌아올 수 없는 다리를 건넌
상태이기 때문에 우리가 당장 이산화탄소 배출량을 산업
화 시대 이전 수준으로 줄여도 지구 온난화를 돌이키려면
최소 1000년이 필요하다고 주장한다.

이들이 지구 온난화가 계속되리라고 예상하는 이유는
바다에 있다. 바다는 이산화탄소와 열을 흡수해서 지구 온
난화를 조절하는 역할을
해 왔다. 그러나 이제 바
다는 엄청나게 배출되는
이산화탄소를 더 이상 처
리할 수 없는 지경에 이르
러 지구 온난화 진행 속도
를 따라잡을 수가 없다는
것이다. 이 연구팀은 대기

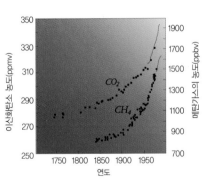

남극의 빙하에서 분석한 이산화탄소와
메탄가스의 농도

중의 이산화탄소 농도가 현재의 385ppm^{농도의 단위로 100만분의 1을 나타냄, 1ppm은 1세제곱미터 안에 1cc의 양이 들어 있다는 의미} 수준에서 600ppm 수준으로 늘어날 경우 극지방의 얼음이 녹아 해수면은 1미터까지 상승하고, 이산화탄소 농도가 1000ppm을 넘어서면 해수면은 최대 2미터 정도 높아질 것이라고 전망한다. 이처럼 지구 온난화의 심각성에 대해 다른 생각을 가지고 있는 과학자들이라도 이산화탄소의 배출량을 줄여야 한다는 데는 모두 동의하고 있다.

지구를 덮고 있는 온실가스

추운 겨울에도 온실에 들어가면 따뜻하다. 또 한여름 창문을 닫아 놓은 자동차 안은 그야말로 찜통이다. 비닐이나 유리가 태양의 복사 에너지는 통과시키지만, 태양열에 의해 덥혀진 지표면이나 자동차 내부에서 방출되는 복사 에너지는 외부로 나가지 못하게 막아 온실과 자동차 내부의 온도가 올라가기 때문이다. 이와 같은 과정을 '온실 효과'라 하는데, 같은 원리로 지구 전체적으로도 온실 효과가 일어날 수 있다. 지구를 둘러싸고 있는 대기가 온실의 비닐이나 자동차 유리와 같은 역할을 하기 때문이다.

만약 지구를 둘러싼 대기가 없어 지구 복사 에너지를 흡수할 수 없다면 지구는 지금보다 훨씬 추워 생물이 살 수 없는 환경이 되었을 것이다.

복사 에너지란 어떤 물체로부터 나와 공간으로 퍼져가는 에너지를 말하는데, 온실 효과와 관련이 깊다. 태양 복사 에너지란 태양에서 나와 지구로 오는 에너지이다. 태양 복사 에너지는 적외선, 가시광선, 자외선 등 다양한 파장으로 구성되어 있는데, 이 에너지가 지표면에 도달하면 열이 발생한다. 그늘에 있으면 쌀쌀하다가도 햇볕을 쪼이면 곧 따뜻해지는 것을 생각하면 이해가 쉽다. 지표면에서 발생하는 열은 다시 대기로 방출된다.

표면 온도가 약 섭씨 6000도에 달하는 태양에서는 다양한 파장의 에너지를 지구로 보내지만, 지구의 온도는 태양에 비해 아주 낮기 때문에 지구에서 복사되는 에너지는 파장이 긴 적외선이 된다.

태양에서 지구로 오는 파장이 짧은 복사 에너지는 대기를 잘 통과하지만, 지구에서 우주 공간으로 방출되는 파장이 긴 복사 에너지는 대기 중의 온실가스에 흡수된다. 온돌방에 이불을 깔아 놓으면 바닥이 더 따뜻한 이유는 외부로 방출되는 열을 이불이 막아 주기 때문이다. 말하자면 지구 온난화는 지구가 온실가스로 만든 이불을 덮어 따뜻해지는 것이다.

온실 효과를 일으켜 지구 온난화의 주범이 되는 기체를 흔히 온실가스greenhouse gas 또는 온실 기체라고 한다. 온실가스에는 수증기, 이산화탄소, 메탄, 염화불화탄소프레온가스, CFC, 아산화질소, 오존 등이 있다.

이산화탄소는 생물이 호흡할 때도 발생하지만 화석 연료가 탈 때 많이 나오며, 온실가스 가운데 수증기를 제외하면 지구 온난화에 기여하는 비율이 가장 높다. 그래서 과학자들은 대기 중의 이산화탄소 농도에 관심이 많다.

1958년 하와이의 마우나로아 산에 대기 중에 들어 있는 이산화탄소의 양을 잴 수 있는 시설이 들어섰다. 이곳에 이산화탄소 농도를 측정할 수 있는 관측소를 만든 이유는 이산화탄소를 대량으로 방출하는 대도시나 공업 지역에서 아주 멀리 떨어져 있고, 주변에 이산화탄소 농도에 영향을 미칠 수 있는 식물이 많지 않기 때문이었다.

마우나로아 산에서 측정한 이산화탄소는 관측소가 처

음 만들어진 1958년에 315ppm이었던 것이 1993년에는 362ppm으로 증가하였다.

남극의 얼음 속에 갇혀 있는 공기 방울을 분석해 알아낸 산업화 시대 이전의 이산화탄소 농도가 약 280ppm이었던 것에 비하면 대기 중 이산화탄소의 농도가 얼마나 증가했는지 알 수 있다.

이처럼 지구 온난화를 유발시키는 이산화탄소가 점점 늘어나는 것은 산업화가 되면서 석유나 석탄과 같은 화석 연료의 사용이 부쩍 늘었기 때문이다.

인구가 늘어나면서 큰 공장들이 많이 들어섰고, 자동차의 숫자도 엄청 늘었다. 공장의 굴뚝과 자동차의 배기구에서는 이산화탄소가 쉼 없이 뿜어져 나오는 반면, 이산화탄소를 흡수해 주는 식물들은 목재로 사용되기 위해 잘려 나갔다. 하늘을 가릴 정도로 나무가 빽빽이 들어선 열대 우림에서는 지금 이 순간에도 집을 짓기 위해, 농지를 만들기 위해, 길

대규모의 벌목은 지구 온난화의 속도를 재촉하는 원인 중 하나이다.

을 내기 위해 나무들이 잘려 나가고 있다.

메탄은 산소가 부족한 상태에서 유기물이 분해될 때 만들어진다. 메탄은 습지에서 미생물에 의해 만들어지기도 하고, 소와 같이 되새김질 하는 동물들의 소화관에서 만들어지기도 한다. 그래서 지구 온난화를 막으려면 소의 방귀에도 세금을 물려야 한다는 우스갯소리를 하기도 한다. 또 시베리아나 캐나다의 툰드라 지대에서도 상당한 양의 메탄이 생성된다. 오래전 이곳에 살던 생물들의 사체가 분해되는 과정에서 만들어지는 것이다.

인구가 늘어나면 가축도 늘어나고 메탄도 늘어난다. 지난 200년 동안 대기 중의 메탄은 0.8ppm에서 1.7ppm으로 두 배 이상 늘어났고, 이런 증가 추세는 최근 들어서 더 급격해졌다.

메탄은 이산화탄소의 농도에 비해서는 아주 적지만 대기 중의 다른 기체와 달리 적외선을 흡수하므로 온실 효과를 더 높이는 역할을 한다.

소를 비롯한 가축이 늘어날수록 대기 중의 메탄량은 증가한다.

예를 들어 메탄 1그램을 대기 중으로 방출하면 이산화탄소 1그램을 방출했을 때보다 온실 효과는 58배나 더 크다. 다행스럽게도 메탄은 반응성이 커서 대기 중에서 10년 정도 지나면 저절로 없어진다.

이산화탄소나 메탄과 달리 염화불화탄소는 전적으로 산업 활동으로 만들어지는 온실가스이다. 이 기체는 냉장고 냉매, 스프레이 분사제, 반도체 세척제, 드라이클리닝 용제 등으로 널리 사용되는데, 이산화탄소나 메탄처럼 지구 온난화를 발생시킨다. 염화불화탄소는 수증기나 이산화탄소가 흡수하는 광선 파장대와 달라서 같은 양이라도 이산화탄소보다 수천 배의 온실 효과를 일으킬 수 있는 것으로 알려져 있다.

염화불화탄소는 성층권의 오존층을 파괴하기도 한다. 지구에 도달하는 자외선을 막아 주는 오존층이 파괴되면 또 다른 재앙이 발생한다. 강한 자외선 때문에 피부암이 생길 확률이 높아지고, 농작물의 수확이 줄어든다. 다행히 1987년 오존층 파괴 물질의 생산과 사용을 규제하기 위한 국제 협약인 몬트리올 의정서가 체결되어 염화불화탄소 사용을 줄이려는 노력을 하고 있다.

날씨, 기상, 기후는 어떻게 다른가요?

지구 온난화를 이야기할 때 '기후 변화'나 '기상 이변'이라는 말을 많이 사용한다. 또 일기 예보를 보면 '오늘의 날씨'와 같은 말을 흔히 사용한다. 날씨, 기후, 기상 세 단어가 비슷한 것 같기도 하고 다른 것 같기도 하다. 날씨, 기후, 기상의 정확한 뜻은 무엇인지 자세히 알아보기로 하자.

'날씨'는 일정한 지역에서 그날그날의 비, 눈, 구름, 바람, 더위와 추위 따위의 대기 상태를 말한다. '기상'의 사전적 의미는 대기 중에서 일어나는 비, 구름, 바람, 기온 따위의 물리적 현상을 통틀어 이르는 말이다. 따라서 날씨

춥고 건조한 우리나라의 겨울

와 기상은 서로 바꾸어 써도 문제가 없다. 그러나 기후는 그 뜻이 다르다. 기상은 몇 시간, 길어야 며칠처럼 짧은 기간에 걸친 대기 상태를 말하지만 기후는 넓은 지역에서 오랜 기간에 걸쳐 관측된 평균적인 대기 상태를 일컫는다. 즉 '기후'는 광범위한 지역에서 오랜 기간 동안의 평균적인 날씨이다. 그러면 기후는 얼마나 오랜 기간을 기준으로 할까? 정답은 30년. 일반적으로 30년간의 평균 날씨를 기준으로 기후를 규정한다.

요약하자면 날씨는 일시적인 기상 현상을 나타내는 데 비해, 기후는 지속적이고 평균적인 기상 현상을 나타낸다.

"오늘의 서울 날씨는 대체로 맑고 바람이 잦아들겠습니다. 낮 최고 기온은 14도에서 22도로 어제보다 높겠습니다."라는 일기 예보를 보자. 서울이라는 지역의 오늘 기상 상태를 알려 주므로 날씨라고 하였다. 그러므로 기상 예보라고도 하지만 기후 예보라고는 하지 않는다.

다음은 우리나라 기후의 특징을 설명하는 글이다. "여름에는 태평양으로부터 덥고 습기가 많은 바람이 불어와 기온이 높고 비가 많이 내린다. 그러나 겨울에는 시베리아에서 불어오는 북서계절풍의 영향으로 춥고 건조하다."

해마다 조금씩 차이는 있겠지만 여름이 되면 기온이 높고 비가 많이 내려 습하며, 겨울이 되면 기온이 떨어지고 건조해진다. 매년 날씨가 그래왔기 때문에 올해도 그럴 것이다. 그러므로 우리나라에 사는 어느 누구도 겨울에는 춥고 건조하다는 것을 안다. 이것이 기후이다.

기후는 곳에 따라 다르며, 늘 똑같은 것이 아니라 시간이 흐르면서 변하기도 한다. 우리는 최근에 지구 온난화로 기후가 점점 변화하고 있다는 것을 느끼고 있다. 기후를 이야기할 때 빠지지 않고 등장하는 것이 바로 기후 요소라는 것이다. 기후 요소란 기상 상태를 나타내는 데 필요한 항목이다. 기후를 간단히 한마디로 말하기는 힘들기 때문에 여러 가지 요소를 들어 기후를 설명하게 된다. 기후 요소에는 기온, 풍향과 풍속, 강수량, 증발량, 기압, 습도, 구름의 양, 적설량 등이 있다. 한편 기후에 영향을 주어 지역적인 차이를 일으키는 요인을 기후 인자라고 한다. 기후 인자는 위도, 육지와 바다의 분포,

구름의 양도 기후 요소 중 하나이다.

지형, 고도, 해류처럼 지리적인 것이 있으며, 기단이나 전선으로부터 영향을 받기도 한다.

바다는 기후에 어떤 영향을 미치나?

기후는 대기의 영향만 받는 것이 아니다. 오히려 바다가 대기보다 기후에 더 큰 영향을 미친다. 그 이유는 우선 바닷물의 양이 많고, 물의 열용량이 크기 때문이다.

바다는 지구 표면적의 71퍼센트를 차지하고 있으며, 엄청난 양의 물로 가득하다. 지구 상에 있는 물의 약 98퍼센트는 바닷물이다. 태평양에는 약 6억 7000만 세제곱킬로미터, 대서양에는 3억 6000만 세제곱킬로미터, 인도양에는 2억 세제곱킬로미터, 남극해에는 1억 2000만 세제곱킬로미터, 북극해에는 1700만 세제곱킬로미터의 바닷물이 담겨 있다. 바닷물을 모두 다 합하면 부피가 약 13억 7000만 세제곱킬로미터나 된다.

만약 1톤을 실을 수 있는 트럭으로 모든 바닷물을 운반한다면 137경 대의 트럭이 필요하다. 경은 조의 만 배를 일컫는 단위이고, 조는 억의 만 배를 일컫는 단위이다. 그러니 경은 억의 억 배를 나타낸다. 137경은 도대체 얼마나 큰 숫

자일까? 아라비아 숫자로 쓰면 1,370,000,000,000,000,000
이다.

바다에는 이렇게 많은 물이 있고, 이 물은 공기보다 열
용량이 훨씬 크다. '열용량'이란 일정한 물체의 온도를 섭
씨 1도 올리는 데 필요한 열량을 말한다. 물은 섭씨 1도를
높이기 위해 공기보다 훨씬 많은 열을 가해야 한다. 우리
는 물의 온도를 높이는 것이 쉽지 않다는 것을 잘 안다. 배
가 고파 라면을 끓여 먹으려 할 때 냄비 속의 물이 빨리 끓
지 않아 초조하게 기다렸던 기억이 있을 것이다. 그만큼
많은 열을 가해야만 물의 온도가 올라간다. 그 이유는 물
분자들끼리 수소 결합으로 묶여 있기 때문이다. 수소 결합
은 물 분자를 이루는 수소와 산소
사이에 극성이 달라 전기적으로
약한 결합을 이루는 것이다. 이
수소 결합 때문에 물 분자들을 떼
어 놓는 데 에너지가 필요하다.

물은 이러한 물리적 성질 때문
에 열을 안정적으로 흡수하고 내
보내기도 한다. 즉 햇볕이 내리쬐

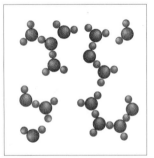

수소와 산소가 결합된 물 분자 모형으로
파란색은 수소, 빨간색은 산소이다.

는 낮에 열을 흡수했다가, 햇볕이 없는 밤에 대기 중으로 열을 방출하면서 대기에 영향을 미친다.

만약 지구에 바다가 없었다면 낮에는 대기 온도가 아주 높이 올라가고 밤에는 아주 낮게 내려가서 생물들이 살기에 좋지 않은 환경이 만들어졌을 것이다. 예를 들어 바다가 없는 달의 경우 햇볕을 받는 면의 온도는 섭씨 100도 이상으로 올라가고, 햇볕을 받지 못하는 면은 섭씨 영하 200도 이하로 내려간다.

또 바다는 태양으로부터 받은 열을 저위도에서 고위도로 운반하기도 한다. 적도의 더운 바닷물은 해류를 타고 추운 고위도로 흘러가면서 열을 전달한다. 고위도라도 따뜻한 해류가 흘러가는 곳은 같은 위도 상에 있는 내륙보다 기후가 훨씬 온화하다.

영화 「투모로우」가 현실이 될 수 있을까?

기온이 올라가면 지구 상에 어떤 일이 일어날까? 우선 생각할 수 있는 것은 해수면의 상승이다. 즉 바다의 물 높이가 올라간다는 말이다. 기온이 올라가면 극지방에 있던 빙하가 녹아내리고, 빙하가 녹은 많은 양의 물이 바다로 흘러 들어가면 해수면이 올라간다. 뿐만 아니라 수온이 올라가면 바닷물이 팽창하면서 부피가 늘어나는데, 이 역시 해수면이 높아지는데 한몫을 한다. 과학자들은 앞으로 100년 안에 해수면이 약 1미터 정도 더 높아질 것으로 내다보고 있다. 심지어는 금세기 안에 4~6미터까지 올라갈 수 있을 것이라는 예측을 하는 과학자도 있다. 큰 도시들은 대부분 바닷가에 자리 잡고 있기 때문에, 해수면이 높아지고 태풍이라도 몰아치면 큰 피해가 생길 것이 불 보듯 뻔하다.

2004년에 개봉한 미국 영화 「투모로우Tomorrow」는 지구 온난화로 인해 지구에 다시 빙하기가 도래한다는 내용을 담고 있다. 한 기후학자가 남극에서 빙하를 연구하던 중 지구에 이상 기후 변화가 일어날 것을 알아차리고 국제 회의에서 이 사실을 발표한다. 급격한 지구 온난화로 남극과 북극의 빙하가 녹으면서 해류의 흐름이 바뀌어 지구 전체가 빙하로 뒤덮이는 거대한 재앙이 닥칠 것이라는 내용이다. 그러나 그의 주장은 주변 사람들로부터 비웃음만 사게 된다. 얼마 후 지구 곳곳에서 기상 이변이 나타나고, 그의 예언대로 지구는 급격히 추워진다. 그러자 북반구의 사람들이 덜 추운 남쪽으로 이동하면서 큰 혼란이 벌어진다. 이는 비록 영화 속 이야기이지만 실제로 어느 정도 실현 가능성이 있다.

지구 온난화로 인해 바람 방향이 바뀌게 되면, 해류의 방향도 바뀌게 된다. 해류는 적도 지방의 열을 위도가 높은 지역으로 운반하며 지구의 기온 조절에 큰 역할을 하고 있다. 만약 해류의 방향이 바뀌면 기상이 국지적으로 바뀌게 되어 생태계는 큰 변화를 겪게 될 것이다.

기후 변화가 일어나면 장소에 따라 어떤 곳은 홍수가 발생하고, 어떤 곳은 가뭄이 계속되는 등 자연재해가 일어난다. 홍수로 집이 물에 잠겨 수재민이 생기며, 수인성 전염병이 돌아 심각한 보건 문제가 발생한다. 또 비가 안 오면 식수가 부족해 생활이 불편해지는 것은 말할 것도 없고, 가뭄이 지속된다면 생물들이 살 수 없다.

홍수로 경작지가 물에 잠

홍수로 쓰러진 나무

기거나 가뭄으로 논밭이 말라 버리면 식량이 부족해져서 생활이 어려워진다. 아시아 남부, 중동, 중남미, 아프리카 국가들은 이미 기후 변화로 인한 고통을 받고 있다.

한편 이산화탄소가 늘어나면 해양 생태계에는 어떤 일이 일어날까? 이산화탄소는 식물이 광합성을 하는데 꼭 필요한 요소이기 때문에, 이산화탄소가 늘어나면 식물플랑크톤에 의한 1차 생산이 늘어난다. 북태평양에서 조사해 보니 지난 20년간 대기 중의 이산화탄소가 증가하면서 식물플랑크톤이 늘어났다고 한다. 식물플랑크톤은 해양 생태계의 모든 생물들을 먹여 살리는 1차 생산자이기 때문에, 식물플랑크톤이 증가하면 새로운 어장이 생길 수도 있을 것이다.

반면 오염이 심한 일부 연근해에서는 적조가 더욱 자주 일어나 생태계에 큰 피해를 줄 수도 있다. 적조가 발생해 바닷물 속의 산소 농도가 줄어들면 해양 생태계 전체가 끔찍한 최후를 맞게 될 가능성도 있다. 특히 내륙으로 깊숙이 들어온 만에서는 바닷물의 드나듦이 쉽지 않아 오염이 심해지기 쉽고, 여름철에는 저층 산소가 고갈되기도 한다. 그곳에 저서생물이 살지 못하는 것은 당연하다.

온실가스의 증가로 기온이 올라가고, 이로 인해 기상 및 생태계에 이변이 점점 더 많이 나타나고 있다. 과학자들이 지구 온난화에 따른 여러 가지 시나리오를 예측하고 있지만, 과학적으로 증명하기에는 우리가 알고 있는 지식이 아직 부족하다.

지구 온난화는 초대형 태풍을 부른다

열대 바다에서 생기는 열대성 저기압은 발생 장소에 따라 태풍, 허리케인, 사이클론 등 여러 가지 이름으로 불린다. 열대성 저기압은 강한 바람과 많은 비를 동반하기 때문에 인간과 자연에 큰 피해를 끼친다.

태풍은 북서태평양에서 발생하는 열대성 저기압이다. 주로 아시아 대륙 동부 지역이 태풍의 영향권에 있으며 우리나라에도 7월과 10월 사이에 영향을 미친다. 영어로는 타이푼typhoon이라고 하는데 태풍颱風의 중국식 발음을 흉내 낸 것이다.

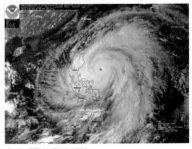

슈퍼 태풍의 위성 사진

허리케인hurricane은 멕시코 만과 카리브 해를 포함하는 대서양과 북동태평양에서 발생하는 열대성 저기압이다. 허리케인이라는 이름은 폭풍의 신, 강한 바람이라는 뜻의 스페인어 '우라칸Huracan'에서 비롯되었다.

사이클론cyclone이란 인도양과 남태평양에서 발생하는 열대성 저기압을 말한다. 예전에는 오스트레일리아 북부 해역에서 발생하는 열대성 저기압을 윌리윌리라고 불렀으나, 요즘은 사이클론으로 부르고 있다.

참고로 영화에 자주 등장하는 회오리바람은 토네이도tornado라고 부른다. 토네이도는 바다에서 만들어지는 것이 아니고 육지에서 만들어진다.

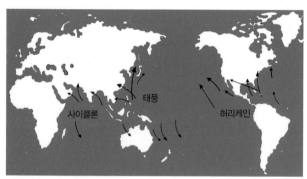

태풍, 허리케인, 사이클론의 발생 장소

태풍은 태양 에너지를 많이 받아 바닷물의 온도가 높은 열대 해역에서 상승 기류가 발생하면서 만들어진다. 상승 기류가 생기면 기압이 낮아지고, 주변의 공기들이 밀려들어온다.

그런데 지구가 자전을 하기 때문에 북반구에서는 시계 방향으로, 그리고 남반구에서는 시계 반대 방향으로 강한 바람이 불게 된다. 또 습기가 많은 공기가 상승하여 거대한 구름이 만들어지므로 많은 양의 비가 내린다.

태풍은 크기와 세기에 따라 나눌 수 있다. 크기는 풍속 15㎧미터퍼섹, 속도의 단위 이상의 바람이 부는 반경이 얼마나 되느냐에 따라 소형, 중형, 대형, 초대형으로 구분된다.

태풍의 세기는 최대 풍속이 얼마냐에 따라 약, 중, 강, 매우 강의 4등급으로 나누기도 한다. 매우 강한 태풍의 경우 최대 풍속이 44㎧ 이상이다.

지구 온난화로 인한 바닷물 온도의 상승은 태풍의 위력을 결정짓는 중요한 요인이 된다. 바닷물의 온도가 올라가면 더 많은 수증기가 증발하고, 태풍에 전달되는 에너지도 커져 아주 강력한 초대형 태풍이 만들어지기 때문이다. 초대형 태풍은 초속 15미터 이상의 강풍이 반경 800킬로미터 이상에 걸쳐 부는 대규모 태풍으로, 순간 최대 풍속 60㎧ 이상의 강한 바람과 일일 강수량 1000밀리미터 안팎의 폭우를 동반하는 등 그 위력 또한 대단하다.

기상 자료에 따르면 순간 최대 풍속과 일일 강수량이 가장 높았던 태풍은 모두 2000년 이후에 발생하였다. 이는 최근 들어 태풍의 힘이 훨씬 강해졌다는 것을 의미한다.

지난 2003년 9월, 초속 60미터에 달하는 강풍과 거대한 해일을 동반한 태풍 '매미'로 인해 우리나라 남해안은 큰 피해를 입었다. 제주도를 강타한 태풍 '매미'는 마산 일대와 낙동강 하구 지역에도 큰 피해를 주고 우리나라를 빠져나갔다. 이 태풍으로 130명에 달하는 인명 피해가 생겼고, 농경지가 침수되었으며, 4000가구가 넘는 집이 물에 잠겨 약 1만 명 이상의 수재민이 발생하였다.

태풍 '매미'에 피해를 입은 부산의 선박 호텔이 기울어져 있다.

이러한 상황은 지구의 반대편에서도 벌어졌다. 2005년 8월에는 초대형 허리케인 카트리나로 인해 멕시코 만의 항구 도시 뉴올

리언스가 초토화되었다. 허리케인에 동반한 폭우로 갑자기 물이 불어나 강둑이 무너지면서 피해는 더욱 커졌다. 무려 1836명이 숨지고, 705명이 실종되었으며, 100조 원 이상의 어마어마한 경제적 손실을 입었다.

지구 온난화로 물속에 잠기는 나라

지구 온난화가 발생하면 극지방의 빙하나 높은 산의 만년설이 녹아내린다. 북극의 빙하가 녹으면서 땅이 드러나자 미국, 러시아, 캐나다, 북유럽 국가들 사이에 북극권 대륙 및 북극해에 대한 영유권 다툼이 시작되었다. 그곳에 묻혀 있는 지하자원을 개발하기 위해서이다.

한편 꽁꽁 얼어 있던 북극해가 녹으면서 뱃길이 열리자 북극해의 해양 자원을 개발하려는 시도가 이어지고 있다. 러시아는 자국의 심해유인잠수정 미르 호를 북극해로 보내 깃발을 북극해 바닥에 꽂는 시위를 하였다.

그러나 빙하가 녹으면서 고통을 받는 나라도 많이 생겼다. 빙하가 녹으면 해수면이 높아지고, 해수면이 높아지면 바닷가의 저지대가 물에 잠겨 난민이 생긴다. 동남아시

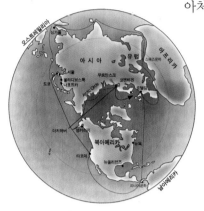

얼음이 녹아 항로가 생긴 북극해

아처럼 해안가에 많은 사람들이 살고 있는 곳은 해수면이 올라가면 큰일이다. 특히 태평양이나 인도양의 몇몇 섬나라들은 바닷물에 잠겨 나라 자체가 없어질 지경이다.

그래서 투발루와 같은 나라에서는 인접 국가로 이민을 가는 사람들이 생겼다. 투발루는 남태평양에 자리 잡은 섬나라인데 산호초로 이루어졌기 때문에 수면에서 고작 3미터 내외의 높이로 솟아 있다. 물론 주민들의 환경 훼손으로 침수가 된다는 주장도 있지만, 실제로 이곳의 해수면이 점점 올라가는 것은 과학자들에 의해 확인되었다.

태평양의 섬나라 키리바시도 상황은 마찬가지이다. 바닷가에 있던 마을 중에는 이미 물에 잠긴 곳도 많다고 한다. 키리바시 역시 투발루와 마찬가지로 산호초로 된 섬나라이기 때문에 해발 고도가 약 3미터 정도 밖에 되지 않아 대피할 고지대가 없다. 계속 바닷물이 올라온다면 다른 나

산호초로 만들어진 섬

라로 이민을 가지 않고서는 살 길이 없다.

인도양의 몰디브는 우리나라 신혼부부들의 신혼여행
지로 인기가 많은 아름다운 섬나라이다. 그러나 이곳도 앞
으로 수몰될지 모른다는 위기감에 휩싸여 있다.

바다가 사막화된다

녹색을 띠는 식물의 잎은 빛이 부족하거나 엽록소를
만드는 데 필요한 마그네슘이 부족하면 엽록체가 만들어
지지 않아 하얗게 되는데, 이것을 백화 현상이라고 한다.
또 동물의 피부가 하얗게 변하는 것도 백화 현상이다.

백화 현상은 생물에게서만 나타나는 것은 아니다. 시
멘트로 시공한 후 물이 스며들어 시멘트 속의 칼슘이 녹아

나와 표면에 하얀 가루가 생기는 것도 백화 현상이라고 하며, 전자 제품의 액정 화면이 하얗게 되는 것도 백화 현상이라고 한다.

백화 현상은 바다에서도 일어나는데, 바다에서 볼 수 있는 백화 현상은 2가지이다.

하나는 산호초가 하얗게 변하는 현상이다. 열대 바다의 산호초는 정말 아름답다. 산호의 몸속에는 와편모조류의 일종인 갈충조류(황록공생조류)라는 미세한 조류가 공생하고 있는데, 이 갈충조류의 색깔로 인해 산호는 보라색, 붉은색, 푸른색 등 다양한 빛깔을 낸다. 그런데 수온이 올

황폐해진 산호초

라가거나, 오염이 심하거나, 물에 부유 물질이 많으면 산호 속에 살던 갈충조류가 산호를 떠나게 되고, 그 때문에 산호의 색깔이 하얗게 변하는 백화 현상이 일어난다.

다른 하나는 갯녹음 현상이라고도 하며, 석회 조류가 비정상적으로 늘어나면서 다시마나 미역 등 쓸모가 많은 해조류가 자라지 못해 바다가 사막처럼 변하는 것을 말한다. 무성하게 자라던 유용한 해조류들이 죽으면 해조류가 달라붙어 있던 단단한 바닥에 산호말과 같은 석회 조류가 대신 자라게 된다.

석회 조류가 자라던 곳에서는 유용 해조류들이 잘 자라지 못한다. 주로 보라색을 띠던 석회 조류가 죽으면 이들이 몸에 갖고 있던 탄산칼슘 때문에 바다 속 바위들이 온통 하얗게 보인다. 풀 한 포기 없는 사막처럼 황량한 모습이다.

백화 현상을 일으키는 석회 조류

유용 해조류들은 수온이 낮을 때 잘 자라고, 수온이 올라가면 녹아 버린다. 최근에는 지구 온난화 때문인지 유용 해조류들이 예전보다 훨씬 많이 없어지고, 대신 석회 조류들이 많이 자란다. 아직 백화 현상의 원인에 대해서는 자세히 알려져 있지 않지만 지구 온난화로 인해 바닷물의 온도가 높아지고 이산화탄소가 증가하는 것도 원인 중의 하나인 것으로 생각되고 있다.

수산 자원도 변한다

2009년 1월 강원도 바다에서 잡히는 어류에 변화가 생겼다. 따뜻한 바닷물을 좋아하는 복어가 겨울인데도 많이 잡혔다. 2008년 같은 기간에 비해 무려 4배나 많이 잡힌 것이다.

오징어는 보통 1월 초가 되면 어획량이 줄어들기 시작하지만 1월 말까지도 꾸준히 잡혀서 2008년 같은 기간에 비해 3.5배가 늘어났다.

반면에 찬 바닷물을 좋아하는 도루묵은 오히려 전년보다 어획량이 줄었다. 특히 대표적인 한류성 어종인 명태는 1990년대 이후 동해안에서 거의 잡히지 않고 있다. 동해수산연구소의 조사에 따르면 2009년의 바닷물 온도가 평년보다 약 섭씨 2도 정도 높았다고 한다.

제주도 바다에서도 이상 현상이 나타나고 있다. 제주도 서귀포 인근의 문섬 일대는 쿠로시오의 영향으로 연산호나 자리돔처럼 열대나 아열대에 사는 해양 생물들이 많아졌다. 특히 자리돔은 수온이 올라가면서 남해안까지 영역을 넓히고 있다. 독도 주변 해역에서도 수온이 높은 여름에는 자리돔을 볼 수 있다. 또 제주도 주변에서는 잡히지 않던 참치가 최근 들어서 잡히기 시작했다. 제주도 주변 바다의 수온이 올라가자 더 따뜻한 곳에 살던 참치들이 몰려든 것이다.

찬 바닷물을 좋아하는 도루묵

바다에 사는 생물들은 바닷물의 온도에 영향을 받기 때문에 수온이 변하면 분포 형태가 바뀌게 마련이다. 바닷물의 온도가 자꾸 올라가면 예전에 우리가 즐겨 먹던 명태나 도루묵은 구경하기조차 어려워질지도 모른다.

남해에 나타난 대형 열대 해파리

지구 온난화로 바닷물의 온도가 올라가면서 열대 바다에서 볼 수 있었던 해파리들을 최근 우리나라 주변 바다에

73

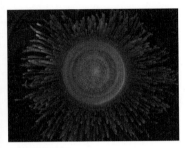
푸른우산관해파리

서도 흔하게 볼 수 있게 되었다.

대한해협에서도 노무라입깃해파리와 푸른우산관해파리가 관찰되었다. 푸른우산관해파리 한 마리는 지름이 약 3~4센티미터로 크지는 않지만, 조사 당시 폭이 약 30미터, 길이가 약 400미터에 이르는 거대한 군집을 이루고 있었다. 노무라입깃해파리는 다 자라면 몸통의 길이가 1미터에 달할 정도의 대형 해파리이다. 촉수 길이까지 다 합하면 길이가 약 5미터나 된다. 몸무게도 200킬로그램이 넘는 거구인 노무라입깃해파리는 매년 그 숫자가 늘어나는 추세이다. 이들이 많이 늘어나면 우리가 이용하는 수산 자원은 줄어들게 된다. 또 고기 잡는 그물에 걸려 어부들의 골칫거리가 되기도 한다.

바닷물이 식초가 된다?

지구 온난화를 일으키는 이산화탄소가 증가하면 바닷물의 산성도가 바뀌어 수산 자원이 피해를 입을 수도 있다. 바닷물의 수소 이온 지수pH, 흔히 피에이치라고 읽는다. 수소 이온 농도 역수의 상용 로그값으로 표시 는 보통 7.5에서 8.4 이내이다. 수소 이온 지수가 7.0이면 중성이고 이보다 낮으면 산성, 이보다 높으면 염기성알칼리성으로 분류된다. 순수한 물은 수소 이온 지수가 7.0으로 중성이고, 바닷물은 약한 염기성이다.

이산화탄소가 바닷물에 많이 녹아들면 바닷물의 수소 이온 지수가 낮아진다. 즉 바닷물이 산성화될 수 있다는 말이다. 산업 혁명 이후 이산화탄소 배출량이 늘어나면서 전 세계 바닷물의 평균 수소 이온 농도는 0.1만큼 감소한 것으로 조사되었다.

화산 활동이 잦은 이탈리아 남서부 이스키아 섬 일대에서 영국의 과학자들이 해양 환경을 조사한 적이 있는데, 화산에서 분출되는 이산화탄소가 바닷물에 녹아들어 이 일대

탄산칼슘으로 된 단단한 껍데기를 가진 열대 해역의 대왕조개

바닷물의 수소 이온 지수가 7.4까지 떨어지는 것을 관찰할 수 있었다.

만약 바닷물의 수소 이온 지수가 계속 떨어져 식초처럼 산성으로 되면 탄산칼슘으로 된 껍데기를 가진 해양 생물들은 큰 피해를 입게 된다. 탄산칼슘은 산에 녹아 버리기 때문이다.

예를 들어 산호, 조개처럼 탄산칼슘으로 된 단단한 골격이나 껍데기를 가진 생물들은 바닷물이 산성화되면 골격과 껍데기가 녹아 버리기 때문에 살 수 없다. 탄산음료를 많이 마시면 치아 건강에 좋지 않다고 하는 것도 이와 같은 이유 때문이다.

태풍 이름 짓기

2005년 9월 우리나라를 통과한 태풍 '나비'로 인해 울릉도 저동항의 제방을 넘은 파도

북서태평양에서 발생하는 태풍에 공식적으로 이름을 붙이기 시작한 것은 미군이었다. 처음에는 기상 예보관이 태풍에 자기 아내나 애인 이름을 붙였기 때문에 1978년까지는 모두 여자 이름이 사용되었다. 예를 들어 역사상 우리나라에 가장 큰 피해를 준 1959년 9월의 태풍 이름은 '사라'였다. 그러나 1978년 이후부터는 남자와 여자 이름을 번갈아가며 사용하였다. 1999년까지는 북서태평양 괌에 있는 미국 태풍합동경보센터에서 태풍 이름을 붙였기 때문에 모두 서양 이름이었지만, 2000년부터는 아시아태풍위원회에서 태풍 이름을 아시아 지역 14개국이 정한 이름으로 바꿔 부르기로 하였다.

태풍은 한번 발생하면 오랜 기간 동안 이동하면서 여러 나라에 영향을 미친다. 만약 나라마다 따로 이름을 붙이면 같은 태풍이라도 여러 가지 이름을 갖게 되므로 혼란이 생길 것이다. 그래서 한 가지 이름을 붙이기로 여러 나라가 합의한 것이다.

태풍 이름은 아시아 지역 14개국이 각각 10개씩 제출하여 총 140개의 이름을 모은다. 이를 28개씩 5개 조로 나누어 순차적으로 사용한다. 태풍이 연간 30여 개쯤 발생하므로 4~5년이 지나 이름을 한 번씩 다 사용하면 처음으로 다시 돌아가게 된다. 그런데 태풍이 너무 강력해 피해가 막대한 경우, 피해를 입은 당사국에서는 이름 변경을 요청할 수 있다. 예를 들어 2003년 9월에 우리나라에 큰 피해를 끼친 태풍 '매미'는 북한이 제출한 이름인데 이후 '무지개'로 변경되었으며, 우리나라가 제출한 이름인 태풍 '나비'는 2005년 일본에 막대한 피해를 입힌 후 '독수리'로 교체되었다.

우리나라에서 제안한 태풍 이름2008년 개정은 개미, 제비, 나리, 너구리, 장미, 고니, 미리내, 메기, 노루, 독수리 등이고, 북한에서 제출한 이름은 기러기, 소나무, 도라지, 버들, 갈매기, 노을, 무지개, 민들레, 메아리, 날개 등이다. 참고로 2009년 8월에 발생한 태풍 '모라꼿'은 태국에서 지은 이름으로 3조 26번째 이름이며, 에메랄드를 뜻한다.

북서태평양에서 어떤 조사를 했나?

우리나라의 해양과학자들은 연구선 온누리호를 타고 쿠로시오가 통과하는 북서태평양을 조사하였다.

포세이돈 연구 사업은 2006년에 시작되었는데, 첫 해에는 8월 25일부터 9월 30일까지, 다음 해인 2007년에는 9월 1일부터 10월 17일까지, 2008년에는 6월 2일부터 25일까지 각각 현장 탐사를 하였다.

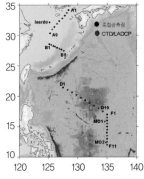

2008년 6월에 북서태평양에서 조사한 장소. 까만 점은 물리, 화학, 생물 조사를 모두 한 곳, 빨간 점은 수온과 염분, 해류만 조사한 곳이다.

연구팀은 북서태평양과 우리나라 남해안[대한해협]의 물리적 특성을 알아보기 위해 바닷물의 수온과 염분 등을 측정하였고, 쿠로시오에 의해 얼마나 많은 양의 물이 운반되는지, 웜풀과 쿠로시오 그리고 우리나라 남해안 사이에 어떤 상관성이 있고, 계절이나 장소에 따라 해수면의 높이가 어떤 차이를 보이는지 등을 조사하였다.

바닷물의 특성을 알아보자

바닷물의 특성은 온도와 염분 같은 물리적인 요인에 의해 달라진다. 또 수심에 따라서도 바닷물의 물리적인 성질은 달라진다. 그렇기 때문에 해양과학자들은 바다를 조사할 때 기본적으로 수온과 염분, 그리고 수심을 측정한다. 우리가 몸이 아파 병원에 가면 우선 체온과 혈압을 재는 것과 마찬가지이다.

바다의 수온이나 염분, 수심 등을 잴 때는 씨티디[CTD]라는 장비를 사용한다. CTD는 전기 전도도[Conductivity], 수온[Temperature], 수심[Depth]의 영문 앞글자를 따서 부르는 것이다. 전기 전도도를 측정하면 바닷물 속에 염분이 얼마나 들어 있는지 알 수 있다. 민물보다 짠 바닷물에서 전기가 잘 통하는 성질을 이용한 것이다.

바닷물이 짜면 짤수록 전기가 잘 통하므로 전기가 얼마나 잘 통하는지 알면 반대로 바닷물이 얼마나 짠지 알 수 있다.

수온을 재는 온도계는 여러 가지 종류가 있다. 우리가 잘 아는 알코올 온도계나 수은 온도계는 온도가 올라가면 팽창하는 알코올과 수은의 성질을 이용하여 온도를 측정한다.

디지털 온도계는 온도에 따라 저항이 변하는 성질이 있는 서미스터^{thermistor}를 이용하여 온

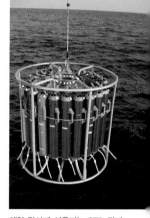

도를 잰다. CTD에는 온도가 올라가면 저항이 줄어드는 서미스터가 있어 온도를 잴 수 있다. 즉 온도가 올라가면 저항이 감소하므로, 저항을 측정하면 온도가 어느 정도인지 알 수 있다.

수심이 깊어질수록 압력이 커지므로, 압력을 측정하면 수심이 얼마나 깊은지 알 수 있다. 요즘에는 CTD에

해양 탐사에 이용되는 CTD 장비

여러 가지 측정 센서를 부착하여 바닷물이 얼마나 탁한지, 바닷물 속에 식물플랑크톤이 얼마나 있는지 등도 관찰할 수 있다.

CTD는 바닷물을 채수採水, 강물이나 바닷물의 물리적·화학적 특성을 연구하기 위하여 서로 다른 깊이의 물을 떠올리는 일할 수 있는 물통이 둥그렇게 달려 있는 철제 프레임의 가운데 자리 잡고 있

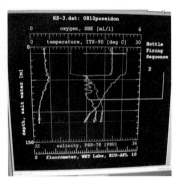

CTD 측정 결과를 보여 주는 그래프

다. 이 장비를 바닷속으로 내리면 CTD는 자동으로 바닷물의 수온과 염분, 수심 등을 잰다. 그 수치는 배의 컴퓨터에 바로 입력되고, 자동으로 그래프를 그려 내어 수심이 깊어짐에 따라 수온과 염분이 어떻게 변하는지 알 수 있다.

수온은 바다 깊이 들어갈수록 내려간다. 햇볕이 미치는 바다의 표층에서는 태양열에 의해 바닷물이 데워진다. 열대 바다의 표층 수온은 섭씨 30도가 넘지만, 수심 500미터 정도만 내려가면 섭씨 10도 정도로 뚝 떨어지고, 수

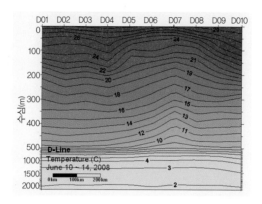

2008년 6월에 필리핀 해역에서 조사한 수온. 그래프 안의 숫자는 수온을 나타낸다.

심 2000미터가 넘으면 약 섭씨 2도 정도로 낮아진다. 수심이 5000미터가 넘는 태평양 바다의 수온은 섭씨 1도 정도이다. 거의 얼음이 얼 정도의 온도이다.

전 지구적으로 바닷물의 흐름을 살펴보면 극지방의 찬 바닷물은 무겁기 때문에 수심 깊은 곳으로 가라앉으면서 바닥을 따라 저위도 해역의 바다로 이동한다.

열대 바다에서 표층 바닷물은 따뜻하지만, 수심 깊은 곳으로 내려가면 수온이 낮아 얼음물처럼 차가운 이유가 바로 이 때문이다.

앞서 말한 바와 같이 우리나라의 해양과학자들은 연구선 온누리호를 타고 2006년부터 2008년까지 일정 기간 쿠로시오가 통과하는 북서태평양에서 바닷물의 온도를 쟀다. 이 기간 동안 관측된 가장 높은 표층 수온은 2006년 9~10월에 필리핀 인근 해역 동경 135도, 북위 15도에서 기록된 섭씨 32.7도였다.

2007년 9~10월에는 동경 150도, 북위 15도에서 섭씨 30.6도가 관측되었다.

표층 수온은 우리나라 쪽으로 오면서, 즉 위도가 점점 높아지면서 낮아진다. 한 예로 우리나라 남해 부근에서는 2006년 9~10월에 섭씨 22.2도, 2007년 9~10월에는 섭씨 21.2도가 관측되었다. 필리핀 인근 열대 바다에 비한다면 우리나라 남해안은 섭씨 10도 정도 수온이 낮은 셈이다.

전 세계 바다의 표층 수온 분포를 보면 위도, 계절과 밀접한 관계가 있다. 적도 해역이 극 해역보다 수온이 높은 것은 태양열을 더 많이 받아 바닷물이 데워지기 때문이다. 그래서 위도가 낮으면 수온이 높고, 위도가 높아질수

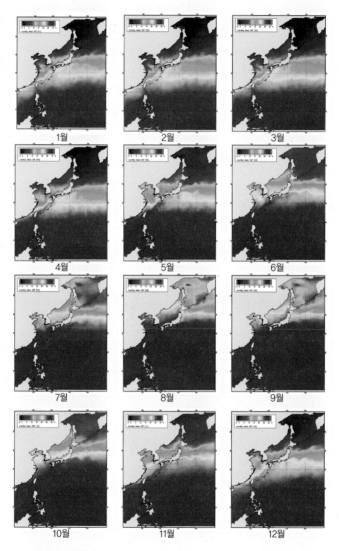

2006년 12월부터 2007년 11월까지 위성으로 측정한 북서태평양 표층 수온의 월 평균값. 여름에는 우리나라 주변 바다의 수온이 높아지는 것을 볼 수 있고(빨간색 으로 변함), 겨울에는 수온이 낮아지는 것을 볼 수 있다(파란색으로 변함).

록 수온은 낮아진다. 물론 국지적으로는 열을 운반하는 해류의 영향으로 조금씩 차이가 나기도 한다. 예를 들어 난류가 고위도까지 강하게 올라가면 고위도라 하더라도 수온이 높아질 수 있다.

계절에 따라 차이가 나는 것은 태양열을 받는 시간이 다르기 때문이다. 여름에는 태양열을 받는 시간이 길고 햇빛의 입사각도 크기 때문에 겨울보다 더 많은 태양열을 받게 된다. 따라서 여름에는 수온이 높고 겨울에는 수온이 낮다.

표층 해수면 수온과 해면 고도를 분석한 결과 한반도 주변 해역은 표층 수온 변화 폭과 표준 편차가 큰 것으로 나타났다.

이러한 결과를 바탕으로 우리나라 주변 바다가 북태평양의 다른 어느 곳보다도 지구 온난화로 인한 표층 수온 상승과 변화폭이 클 것이라는 예측을 할 수 있다.

한편 해수면 고도도 다른 해역보다 크게 나타나서 지구 온난화로 해수면이 점점 올라가면 우리나라 연안의 피해가 특히 클 것으로 생각된다.

짧은 시간 동안 배를 이용해 넓은 바다를 조사하는 것은 불가능하다. 속도가 느린 배로 광활한 바다를 구석구석 훑으며 조사하려면 몇 달이 걸릴지 몇 년이 걸릴지 모른다. 조사하는 사이 계절이 바뀌면 바다의 환경도 달라지므로 서로 다른 해역을 비교하기도 어렵다. 그래서 요즘은 인공위성을 통해 바다의 상태를 관찰하고 있다. 인공위성을 이용하면 짧은 시간에 아주 넓은 지역에서 자료를 얻을 수 있기 때문에 장점이 많다. 또 시간적, 계절적으로 변하는 바다의 상태를 쉽게 알 수 있다.

그렇지만 인공위성을 이용하여 얻을 수 있는 바다에 관한 자료에는 한계가 있다. 인공위성으로 해면 온도, 해수면 높이, 파랑, 해상풍 등을 확인할 수 있고 바다의 색깔을 보고 표층의 식물플랑크톤 양,

우주에서 인공위성이 찍은 지구의 모습

표층 부유물 등을 알 수 있지만 바다의 깊은 속을 들여다 볼 수는 없다. 바다 깊은 곳을 조사하기 위해서는 역시 배를 타고 먼 바다로 나가야 한다. 또는 바다에 해양 관측 기지를 세우거나 해양 관측 부표를 띄워 바다의 상태를 알 수 있는 자료를 얻어야 한다.

포세이돈 사업에서는 연구선을 타고 직접 현장에 나가 조사를 하는 동시에 인공위성 자료를 분석하여 북서태평양 넓은 해역의 환경 변화를 파악하고 있다.

바닷물이 흐른다

바닷물도 강물처럼 일정한 방향으로 흐른다. 이를 해류라고 한다. 우리나라에 영향을 주는 쿠로시오는 상당히 빠른 바닷물 흐름 가운데 하나이다. 포세이돈 연구팀들은 연구선 온누리호를 타고 북서태평양에 나가 쿠로시오를 조사하였다.

해류를 조사하는 방법은 크게 두 가지가 있다. 하나는 해류를 측정할 수 있는 장비를 바다에 고정시켜 놓고 관측을 하는 것이고, 다른 하나는 부이^{buoy, 부표}를 물에 띄워 해류를 타고 흘러가도록 해서 조사하는 방법이다. 포세이돈 연구팀은 해류를 측정할 수 있는 장비를 바닷속에 1년 동안 설치해 두고, 다음 해에 다시 건져 올려 장비에 기록된 자료를 분석하는 방법을 선택하였다.

해류를 측정하는 장비를 바닷속에 넣고 있다.

현장 조사 결과 쿠로시오는 북서태평양 윔풀 해역^{동경} 135도, 북위 13~14.5도에서 서쪽으로 흐르는 북적도 해류로부터 발원하여 필리핀 동쪽 연안을 따라 북쪽으로 흘러 타이완 남쪽 해안을 거쳐 동중국해로 흘러온다. 그러다가 일본 오키나와 부근 해역^{동경 126~} 127.5도, 북위 28도에서 북쪽으로 흐르는 초속 80센티미터의 강한 쿠로시오 본류가 된다.

이는 윔풀 해역의 환경이 변하면 쿠로시오를 따라 우리나라 주변 바다도 영향을 받을 수 있다는 것을 보여 준다. 우리가 윔풀 해역에서의 해양 환경 변화를 알면 쿠로시오가 우리나라에 영향을 미치기 전에 미리 대비할 시간을 벌 수 있어 도움이 될 것이다.

바닷물 속에도 영양분이?

식물이 잘 자라기 위해 비료가 필요한 것처럼 바닷물 속에도 식물플랑크톤이 자라는 데 필요한 영양물질이 들어있다. 이 영양물질을 영양염이라고 한다. 영양염이 많이 들어 있으면 식물플랑크톤이 잘 자라고, 영양염이 부족하면 식물플랑크톤이 잘 자라지 못한다. 영양염이 아주 많으면 식물플랑크톤이 지나치게 번식하여 적조와 같은 환경 문제를 일으킨다.

식물플랑크톤이 자라는 데 필요한 영양염에는 질소, 인, 규소 등이 있다. 이들은 각각 질산염, 아질산염, 인산염, 규산염 등의 형태로 바닷물에 녹아 있다. 영양염은 식물플랑크톤의 성장에 영향을 미침으로써 결과적으로 해양 생태계 전반에 영향을 줄 수 있다. 식물플랑크톤이 변하면 이를 먹고 사는 동물플랑크톤이 영향을 받고, 또 이를 먹는 어류들도 영향을 받기 때문이다.

쿠로시오가 흐르는 북서태평양은 영양염의 농도

대표적인 **식물플랑크톤**인 규조류(왼쪽)와 와편모조류 (오른쪽)

가 낮아 빈영양 환경을 보인다. 특히 식물플랑크톤이 자라면서 영양염을 많이 흡수하는 표층에서는 농도가 더 낮다. 표층은 식물플랑크톤이 광합성을 하는 데 필수적인 햇빛이 잘 들기 때문에 식물플랑크톤이 잘 자라서 영양염도 많이 소비된다.

바다에 식물플랑크톤이 얼마나 많은지 알 수 있는 방법 가운데 하나는 엽록소의 농도를 재는 것이다. 엽록소는 식물이 광합성을 할 때 필요한 색소이다. 식물플랑크톤이 많으면 엽록소의 양도 많아지기 때문에 엽록소의 양을 재면 식물플랑크톤이 얼마나 많은지 알 수 있다.

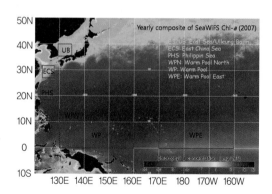

인공위성에서 얻은 자료를 분석하여 만든 북서태평양의 2007년 연평균 표층 엽록소-a 농도 분포도. 파란색은 농도가 낮고 녹색, 노란색으로 갈수록 농도가 높다.

91쪽의 분포도는 북서태평양을 보여 주는데, 파란색은 엽록소의 농도가 낮고, 녹색, 노란색, 오렌지색, 빨간색으로 갈수록 엽록소 농도가 높다. 파란색으로 보이는 북서태평양은 엽록소의 농도가 낮고, 우리나라로 다가올수록 엽록소가 늘어나는 것을 볼 수 있다. 하늘색이나 녹색으로 표시된 황해와 동해도 북서태평양보다 식물플랑크톤이 많음을 알 수 있다.

우리나라 주변 해역은 좋은 어장이다. 가장 근본적인 먹이가 되는 식물플랑크톤이 많기 때문이다. 그렇지만 지구 온난화로 쿠로시오의 영향이 강해지면, 식물플랑크톤이 줄어들고 그 많던 수산 자원도 줄어들게 될 것이다. 이에 더하여 사람들이 수산 자원을 마구 잡으면 풍요롭던 우리나라 바다도 사막처럼 황폐해질 수 있다.

바닥에는 어떤 생물이 사나

바다의 바닥에 사는 생물을 저서생물이라고 한다. 이 부류의 생물은 개펄 흙에 구멍을 파고 사는 갯지렁이, 바닥을 기어 다니는 불가사리와 해삼, 바위에 붙어 있는 굴, 단단한 바닥에 붙어 사는 해조류 등 다양하다. 저서생물은 이동을 하지 않거나 이동 능력이 뛰어나지 않기 때문에 일시적인 환경 변화에도 큰 피해를 입을 수 있다. 재빠르게 헤엄칠 수 있는 물고기는 환경이 나빠지면 그 자리를 떠나 버리면 그만이지만, 저서생물들은 그렇지 못하다.

저서생물 연구를 위한 상자형 시료 채집기

깊은 바다는 수온이 낮고 먹이가 부족해서 몸집이 큰 저서생물들이 많이 살지 않는다. 우리나라 주변 바다에는 저서생물이 많이 살지만 북서태평양의 먼 바다로 나갈수록 그 수는 점점 줄어든다. 쿠로시오가 흘러오는 동중국해와 대한해협에서 상자형 시료 채취기로 채집한 대형 저서동물 종류는 모두 157종이었다. 우리가 흔히 보는 껍데기가 2개 있는 조개인 이매패류가 가장 많았다. 그리고 게와 새우처럼 다리가 10개 달린 십각류, 옆새우류, 갯지렁이류 등도 살고 있었다.

한편 크기가 작은 중형 저서동물 종류로는 바다의 바닥에 사는 유공충류, 요각류, 갯지렁이류가 많다. 이외에

저서동물인 염통성게

이따금 발견되는 동물 무리로는 우리에게는 좀 낯설은 동문동물 극피충 따위의 무척추동물을 비롯해 이매패류, 옆으로 납작한 옆새우류, 껍데기가 조개를 닮은 패충류 등이 있다. 중형 저서동물도 우리나라 대한해협에서 가장 많이 발견되고, 먼 바다 즉 동중국해, 웜풀 해역으로 갈수록 숫자가 줄어든다.

바닷물에 떠서 사는 생물

바닷물 속에는 바이러스, 박테리아, 식물플랑크톤, 동물플랑크톤 등이 살고 있다. 이 가운데 바이러스는 너무 작아서 조사하기가 힘들어 포세이돈 연구팀에서는 박테리아, 식물플랑크톤, 동물플랑크톤만을 조사하였다.

플랑크톤은 물에 떠서 사는 생물을 말한다. 바다에 사는 식물플랑크톤은 지구 전체 1차 생산력의 절반 가까이를 차지하고 있다. 바꿔 말하면 식물이 광합성을 해서 만드는 유기 물질의 거의 절반은 식물플랑크톤의 몫이라는 이야기이다.

식물플랑크톤은 지구 기후 조절자로서도 중요한 역할을 한다. 광합성을 할 때 이산화탄소를 흡수하는데, 그 양이 매일 수억 톤 이상이다. 지구 온난화를 유발하는 이산화탄소를 제거하는 일등

초대형 플랑크톤 채집기

공신인 셈이다. 또 물에 녹아 있는 영양염을 흡수함으로써 바닷물을 깨끗하게 한다.

박테리아는 물속의 유기물을 분해하는 역할을 한다. 분해된 유기물은 식물플랑크톤이 자라는 데 이용된다. 이처럼 식물플랑크톤과 박테리아는 생산자와 분해자로서 생태계에서 중요한 역할을 하고 있다.

앞서 이야기했듯이 식물플랑크톤의 양은 엽록소 농도를 측정해서 알 수도 있다. 엽록소 농도를 기준으로 깊이에 따라 식물플랑크톤이 어떻게 분포하는지 해역별로 알아보자.

웜풀에서는 수온 약층의 깊이가 깊다. 수온 약층이란 수심에 따라 수온이 급격히 변하는 곳을 말하는데 수심이

얕은 고온층과 수심이 깊은 저온층 사이에 분포한다. 웅풀에서는 표층에서 엽록소 농도가 낮다가 100~150미터 정도 내려가면 엽록소 농도가 가장 높아진다. 이곳에 식물플랑크톤이 가장 많다는 증거이다. 그러다가 북쪽으로 올라와 쿠로시오 해역으로 가면 수심 50미터 정도에서 엽록소 농도가 가장 높다. 다시 동중국해로 올라오면 엽록소 농도는 수심 25미터 정도에서 가장 높아진다. 우리나라 주변 바다로 가까이 오면 수심이 더 얕은 곳에서 엽록소 농도가 높아 가장 많은 식물플랑크톤이 나타난다.

동물플랑크톤 가운데에는 원생동물이 있다. 원생동물은 민물에 사는 아메바나 짚신벌레처럼 세포가 하나로 된 동물이다. 바다에도 짚신벌레처럼 섬모를 가진 섬모충류가 있는데 이들 중에는 종이나 항아리 모양의 껍질을 가진 유종섬모충류도 있다. 또 기다란 털인 편모를 가진 편모충류, 삐죽삐죽 가시가 난 방산충류, 구멍이 숭숭 뚫린 유공충류도 있다. 큰 동물플랑크톤이 먹기에는 너무 작은 먹이를 이 원생동물 플랑크톤이 먹고, 그 자신은 큰 동물플랑크톤의 먹이가 된다.

원생동물보다 몸집이 크고, 많은 세포로 이루어진 동

물플랑크톤은 그 종류가 아주 다양하다.

동물플랑크톤 역시 식물플랑크톤과 마찬가지로 적도에 가까운 저위도에서 고위도로 오면서 수가 늘어난다. 예를 들어 웜풀에서는 바닷물 1세제곱미터에 평균 195마리의 동물플랑크톤이 있었으나, 필리핀과 일본 근해로 오면 같은 부피에 각각 250마리와 753마리, 동중국해에서는 1071마리가 살고 있었다.

조사 해역에서 채집된 동물플랑크톤은 요각류가 가장 많고, 이밖에 화살벌레, 유생류, 패충류 등도 나타난다. 동물플랑크톤에 관한 자세한 설명은 이 책보다 먼저 발간된 미래를 꿈꾸는 해양문고의 1권 『바다의 방랑자 플랑크톤』에서 볼 수 있다.

아름다운 빛깔을 가진 요각류 동물플랑크톤 사피리나(왼쪽)와 유칼라누스(오른쪽)

플랑크톤 가운데는 어린 물고기도 포함된다. 알에서 갓 부화하면 크기가 아주 작기 때문에 헤엄치는 능력이 부족해 물에 떠다니며 산다. 최근 우리나라 주변 바다에서는 따뜻한 물에 사는 어류가 늘어나고, 찬물에 사는 어류가 줄어드는 현상이 나타나고 있다. 북서태평양의 어린 물고기들은 쿠로시오를 따라 우리나라로 오기 때문에 이곳에서 어린 물고기를 조사하면 앞으로 우리나라 주변에 어떤 물고기들이 많아질지 알 수 있다.

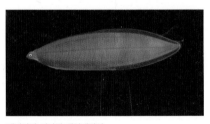

뱀장어의 치어인 댓잎뱀장어

북서태평양에서 채집한 어린 물고기 가운데 재미있는 종류는 바로 뱀장어의 치어이다. 어린 뱀장어는 다 자란 뱀장어와 생긴 모습이 아주 다르다. 대나무 잎처럼 생겨 댓잎뱀장어라고도 불린다. 그동안 이 뱀장어는 뱀장어가 아닌 다른 물고기로 오해를 받고 있었다. 우리가 흔히 민물장어라고 부르는 뱀장어는 우리나라, 중국, 일본의 강과 하구에 살고 있는데, 번식기가 되면 북서태평양 필리핀 근처 바다로 가서 알을 낳는다. 알은 이곳에서 부화하여 댓잎뱀장어가 된다. 부화한 어린 뱀장어는 쿠로시오를 따라서 다시 어미들이 살던 곳으로 되돌아온다.

대한해협은 난류가 들어오는 길목

대한해협은 북서태평양으로부터 우리나라 남해와 동해로 많은 양의 따뜻한 바닷물이 들어오는 통로가 된다. 포세이돈 연구팀은 이 길목에 조사 장소를 정해 수시로 수온과 염분, 영양염, 엽록소와 같은 바닷물의 물리 · 화학적 특성을 조사하고, 해양 생물도 채집하였다.

2006년부터 2008년까지 3년 동안 채집된 식물플랑크

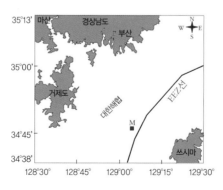

주기적으로 해양 조사가 실시되고 있는 대한해협의 조사 정점(M)

톤은 모두 161종이었다. 이 가운데 규조류돌말류가 106종으로 가장 많았고, 그 다음은 와편모조류로 52종이었다.

식물플랑크톤은 봄철과 가을철에 숫자가 늘어났다. 늦겨울에서 봄까지는 규조류가 많고, 여름에서 가을까지는 10마이크로미터㎛,1마이크로미터는 1천분의 1밀리미터보다 작은, 흔히 나노플랑크톤이라 불리는 식물플랑크톤이 많았다. 봄철 규조류가 엄청난 숫자로 늘어날 때는 바닷물 1리터 안에 200만 개 이상의 식물플랑크톤이 들어 있기도 한다.

여름에서 가을로 접어드는 시기에는 먼 바다에서 많이 볼 수 있고 높은 수온을 선호하는 온수성 외양종들이 많이 나타나 쿠로시오가 영향을 미치고 있는 것을 알 수 있다.

동물플랑크톤은 모두 120종류가 채집되었는데, 이 가운데 요각류가 85종류로 가장 많았다. 동물플랑크톤은 봄철보다 가을철에 더 많은 종류가 나타났다. 또 수면 가까운 곳보다는 수심이 깊은 곳에서 더 많은 종류의 동물플랑크톤이 발견되었다. 대한해협의 경우, 1월부터 8월까지는 연안에서 볼 수 있는 종류가 많고, 9월부터 12월 초순까지는 따뜻한 바닷물을 좋아하는 종류가 더 많았다. 이런 결과는 쿠로시오에서 갈라져 나온 대마 난류쓰시마 난류가 대한해협

에 미치는 영향이 가을철에 더 강해진다는 것을 뒷받침하
고 있다.

산호는 옛날 기후를 알려 준다

현재의 기후 변화를 파악하기 위해서는 과거에 기후가
어떻게 변화해 왔는지 알아야 한다. 과거 기후^{고기후}를 파
악하는 데 유용하게 쓰이는 해양 생물이 바로 산호이다.

산호는 탄산칼슘 성분의 딱딱한 외부 골격을 갖고 있는
데, 이 외부 골격에 이산화탄소의 기록이 마치 나이테처럼

열대 바다의 산호초

파비아 산호의 엑스레이 사진. 나이테 같은 무늬를 볼 수 있다.

저장된다. 우리가 나무의 나이테를 보고 예전의 육상 기후가 어떠했는지 알 수 있는 것과 마찬가지로 산호의 나이테를 보면 옛날 바다의 기후가 어떠했는지 알 수 있다.

온대에 속하는 우리나라 바다에는 산호초를 만드는 산호가 살지 않아 연구하기가 쉽지 않았다.

그런데 우리나라 주변 바다의 고기후를 파악하는 데 이용할 수 있는 알비오포라*Alveopora*와 파비아*Favia* 속에 속하는 산호가 한국과 일본 근해에서 살고 있는 것을 포세이돈 사업을 통해 확인하였다.

특히 파비아 산호는 골격 안의 동위 원소 조성이 계절적인 변화를 보여 주고 있어, 과거 환경 변화를 계절별로 추적하는 데 활용할 수 있다. 이 산호 골격 조사를 통해 과거 100년간 우리나라 남해의 해양 환경이 어떻게 변화되어 왔는지 알 수 있을 것이다.

바다는 대기와 서로 이산화탄소를 주고받는다. 대기 중의 이산화탄소가 바닷물에 녹아들어가기도 하고, 바닷물 속에 녹아 있던 이산화탄소가 대기 중으로 방출되기도 한다. 바닷물 속에 있는 식물플랑크톤이 광합성을 활발하게 해서 이산화탄소를 많이 흡수하면 대기 중에 있던 이산화탄소는 바닷물에 녹아들어간다. 반면 식물플랑크톤이 많지 않은 곳에서는 바닷물 속의 이산화탄소가 대기 중으로 방출된다. 이러한 과정을 거치면서 바다는 지구 온난화를 조절할 수 있다.

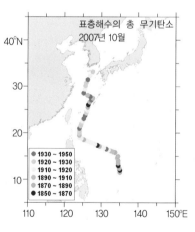

대기와 해양 간 이산화탄소 교환량을 측정한 결과, 저위도 및 아열대 해역에서는 해양에서 대기로 이산화탄소가 방출되고, 우리나라 주변 해역에서는 대기에서 해양으로 이산화탄소가 흡

연구선 온누리호를 이용해 3시간 간격으로 측정한 표층 해수의 총 무기탄소 분포. 노란색은 바다에서 이산화탄소를 흡수하는 것을 나타내고, 파란색은 바다에서 대기로 이산화탄소가 방출되는 것을 나타낸다. 숫자는 농도(마이크로몰퍼킬로그램).

수되는 것으로 나타났다. 이는 우리나라 주변 해역익 1차 생산력이 높기 때문이다.

　만약 지구 온난화가 계속 진행되어 수온이 올라가면 우리나라 주변 바다도 식물플랑크톤에 의한 생산력이 떨어지게 될 것이다. 그러면 해양의 이산화탄소 흡수율이 떨어져 산업 시설에서 나오는 이산화탄소가 지구 온난화를 더 가속화시킬 것이다.

우리가 먹는 장어에는 4가지 종류가 있다. 민물장어라 불리는 뱀장어, 바다장어라 불리는 갯장어, 흔히 '아나고'라는 일본 이름으로 불리는 붕장어, 꼼장어라고 불리는 먹장어가 그것이다. 이 가운데 가장 신기한 습성을 가진 것은 뱀장어이다.

뱀장어는 민물에서 5~12년간 살다가 알을 낳을 때가 되면 바다로 간다. 우리나라 서해나 제주에 사는 뱀장어는 대만이나 필리핀 근처 바다로 가서 알을 낳고 죽는다. 알에

뱀장어의 치어

서 깨어난 새끼 뱀장어는 대나무 잎을 닮아 어미와는 아주 다르게 생겼다.

새끼 뱀장어는 어미가 알을 낳으러 왔던 수천 킬로미터를 거슬러 올라간다. 이때 쿠로시오의 흐름을 따라 가게 되는데, 덕분에 힘들이지 않고 먼 길을 여행할 수 있다. 만약 반대로 새끼 뱀장어가 쿠로시오를 거슬러 헤엄쳐 먼 바다로 가는 습성이 있었다면 훨씬 힘들었을 것이다. 1~3년의 여행 끝에 바닷가에 다다를 무렵이면 길이 5~6센티미터의 실뱀장어로 자라 어미와 많이 닮은 모습이 된다. 하천으로 올라간 뱀장어는 그곳에서 성장한 후, 어미가 했던 대로 알을 낳기 위해 또 먼 바다로 여행을 할 것이다.

다 자란 뱀장어

4부
지구 온난화를 막으려면

지구 온난화는 단지 기후만 변화시키는 것이 아니다. 기후가 변하면 생태계와 환경이 바뀌고, 우리의 생활도 큰 영향을 받는다. 홍수, 가뭄, 태풍, 해일 등 훨씬 강도가 높아진 자연재해로 사회적인 혼란이 일어나고, 경제도 큰 타격을 받을 수 있다.

우리는 지구 온난화로 인해 우리 생활에 어떤 변화가 일어날지 아직 잘 모른다. 심지어는 지구 온난화가 정말 일어나고 있는지에 대해 의구심을 갖고 있는 사람들도 있다.

오랜 역사를 보면 지구의 온도가 높아졌다가 낮아지곤 했던 주기를 반복해 왔다. 지구의 온도가 변하는 것은 어

쩌면 자연스러운 현상이다. 그렇지만 지금 우리가 몸으로 체험하고 있는 지구 온난화는 바로 우리 자신이 변화를 주도하는 당사자라는 것이 일반적인 기온 변화와의 차이점이다.

지구 온난화가 실제 심각하게 진행되건 진행되지 않건 간에 지구 온난화를 줄이려는 우리의 노력은 필요하다. 그것이 자연과 인류가 더불어 살 수 있는 유일한 길이기 때문이다. 우리가 지구 온난화를 일으키고 있으므로 해결책도 우리의 손 안에 있다. 우리의 생활 태도에 따라서 지구 온난화를 줄일 수 있다.

지구 온난화를 줄이기 위해 우리가 할 수 있는 가장 쉬운 일은 화석 연료를 덜 쓰는 것이다. 그럼으로써 이제부터라도 대기로 방출되는 이산화탄소를 줄여야 한다. 버스나 지하철 등 대중교통을 이용하면 자동차 연료의 사용을 줄여 이산화탄소 배출량을 줄일 수 있다. 가까운 거리는 차를 타지 않고 자전거를 이용하는 것도 지구 온난화를 막는 길이다. 운동도 되고 환경도 보호하니 일석이조가 아닌가. 쓰지 않는 가전제품의 플러그를 뽑아 두는 것도 전기를 아끼는 방법이다. 전기를 아끼면 전기를 만들기 위해 태우는 화석 연료를 절약해 결국 이산화탄소 배출량을 줄일 수 있다.

문명이 발달할수록 더 많은 에너지를 필요로 하기 때문에 무작정 에너지 사용을 줄이는 것은 힘든 일이다. 때문에 화석 연료 대신 사용할 수 있는 대체 에너지를 찾기 위한 노력이 시급하다. 최근 태양, 바람, 해양 등에서 에너지를 얻는 방법이 관심을 모으고 있다. 이런 신재생 에너지는 이산화탄소를 배출하지 않는 깨끗한 에너지원이다.

이산화탄소를 흡수하는 식물의 개체 수를 늘리는 것도 하나의 방법이다. 지금은 지구 곳곳에서 개발이라는 명목 아래 숲의 나무가 마구잡이로 잘려 나가고 있다. 식물이 줄어들면 대기 중의 이산화탄소 흡수량이 줄어들어 지구 온난화를 가속화시킨다. 때문에 숲을 가꾸고 보호하는 일은 인류의 생존을 위해서도 꼭 필요한 일이다.

쓰레기를 많이 발생시키는 생활 패턴을 바꾸는 것도 지구 온난화를 막는 데 효과적이다. 일회용 컵을 만들기 위해 많은 나무들이 지금도 쓰러지고 있다.

무엇보다도 우리가 꼭 알아야 될 것은 바다가 지구 온

난화를 조절하는 중요한 역할을 한다는 사실이다. 때문에 지구 온난화 추이를 알려면 바다 환경의 변화를 예측할 필요가 있다.

과학자들이 미래를 점치는 점술가는 아니다. 그렇지만 앞으로 우리나라 주변 바다 환경이 어떻게 변할 것인지 예측할 수 있다면 미래에 닥칠 환경 재앙에 미리 대비할 수 있을 것이다. 그래서 해양과학자들은 오늘도 험난한 바다로 나가 우리 주변 바다가 어떻게 변하고 있는지 연구하고 있다. 미래는 준비하는 자의 몫이다.

사진에 도움을 주신 분들

김성 댓잎뱀장어(98쪽, 105쪽)

김억수 노무라입깃해파리(39쪽)

박지수 엽록소 농도 분포도(91쪽)

장풍국 푸른우산관해파리(74쪽), 대한해협 조사 정점 그래
프(99쪽)

지상범 열수 분출공(27쪽)

최상화 표층 해수의 무기탄소 분포도(103쪽), 다 자란 뱀
장어(105쪽)

형기성 파비아 산호의 엑스레이 사진(102쪽)

미국 NASA 우주에서 본 지구(87쪽)

미국 NOAA 슈퍼 태풍의 위성 사진(63쪽)

일본 지질 조사소 태평양 해저 지형도(25쪽)

참고문헌

로베르 사두르니 (김은연 옮김). 2003. 기후. 영림카디널.

신임철. 2006. 기후와 환경변화: 과거, 현재, 미래. 두솔기획.

한국해양연구원. 2006~2008. 북서태평양이 한반도 주변
해(대한해협)에 미치는 영향연구. 1~3차년도 보고서.

김웅서. 2007. 태평양이란 무엇인가? 해양과 문화 vol. 16. 20~30pp.

야마모토 료이치 (김은하 옮김). 2007. 지구 온난화 충격리포트. 미디어윌.

엘리자베스 콜버트 (이섬민 옮김). 2007. 지구 재앙 보고서. 지구 기후 변화와 온난화의 과거, 현재, 미래. 여름언덕

김웅서. 2008. 바다의 방랑자 플랑크톤. 지성사.

목정민. 2008. 우리바다 지키는 포세이돈 프로젝트. 과학동아 2008년 6월호. 150~151pp.